景志 ◆編著

9堂課
提高工作力

加一分競爭力，就多一分就業力

☑ 端正自己的工作態度　　☑ 解決工作中的困難
☑ 提高時間的利用率　　　☑ 理順工作中的人際關係
☑ 加強工作的執行力度　　☑ 達成有效的溝通
☑ 分清工作的輕重緩急　　☑ 提升自己的工作能力

工作效率和每個人的切身利益息息相關，本書從九個面向來提升效率的角度出發，工作效率都提高了，那麼企業的整體效率就會大大提高，你就能從中受益，就可以比別人獲得更多的成功機會。

Foreword 前言

為什麼很多人感覺自己工作很盡力，卻沒有達到預期的效果，或者收效甚微？原因是工作效率低。

那麼什麼是工作效率呢？所謂「工作效率」，就是在同等時間內完成工作量的多少。雖然很多人，包括處於中高層的管理人員，都能意識到提高工作效率的重要性，然而真正能做到高效率工作的人卻並不多。本來用一個小時可以處理完的事務，卻用了幾個小時才處理完；本來用一週時間可以完成的一個項目，卻用了三週才完成。工作效率低下的現象比比皆是。

工作效率和每個人的切身利益息息相關。一個人的工作效率高，自然能高效地完成工作，工作業績也會增加，升職加薪也指日可待。工作效率更是關乎企業的切身利益，在一個企業中，如果每個人的工作效率都提高了，那麼企業的整體效率就會大大提高，這會給企業帶來巨大的效益。從管理學的角度上講，企業管理的主要工作是如何提高整個企業的企業效率，個人管理的主要工作是如何提高工作效率。

縱觀那些成功人士，都是高效率工作的傑出代表。那麼如何才能提高我們的工作效率呢？

➤ 端正自己的工作態度。工作本身沒有貴賤之分，但是對於工

作的態度卻有高低之別。你不一定從事喜歡的工作，但你一定要喜歡現在所從事的工作。對現在的工作，要有勤奮、主動、敬業的精神。態度決定速度。一個人有端正的工作態度，才能投入到工作中去，才能提高工作效率。

➤ 提高時間的利用率。時間是我們最為寶貴的資源。沒有利用不了的時間，只有自己不利用的時間。珍惜時間，合理利用時間，發揮時間的最大功效，是提高工作效率的有效途徑。提高時間的利用率，就是在提高工作效率。

➤ 加強工作的執行力度。對於工作，我們要有目標、有計劃，但只有目標和計畫是遠遠不夠的，最重要的是要去執行，也就是說要有執行力。加強工作的執行力度，立即行動起來，是提高工作效率的最有效的途徑。

➤ 分清工作的輕重緩急。我們要對工作進行合理的分類，分清工作的輕重緩急。「輕」，指的是相對重要但不緊急的工作；「重」，是指最重要也是最緊急的工作；「緩」，指的是不重要也不緊急的工作；「急」，則是指不是最重要但卻最為緊急的工作。堅持要事第一，先做重要的、緊急的事，才能提高工作效率。

➤ 解決工作中的困難。在工作中，我們會遇到一些問題，如果不解決這些問題，我們的工作效率就會受阻，甚至會停滯。從某種意義上來說，工作就是不斷克服困難、不斷解決問題的過程。我們只有克服了工作上的困難，順利地解決了問題，才會讓工作順暢地進行下去，也才能提高工作效率。

➤ 理順工作中的人際關係。在工作中，我們需要和上司、同事、下屬、客戶等打交道。其實人際關係也是一種生產力。理順了工作中的人際關係，就能減少工作中的阻力，就能進一步提高工作效率。

➤ 達成有效的溝通。在工作中，溝通無處不在。有時工作效率低下，甚至是做了很多無用功，往往是因為沒有做好溝通工作的緣故。達成有效的溝通，才能確保指令上通下達，才能讓工作和諧運轉，工作效率自然就能提高。

➤ 提升自己的工作能力。可以說工作能力的大小，直接導致了工作效率的高低。要想提高自己的工作效率，就必須提升自己的工作能力。提升了工作能力，工作效率自然就提高了。

➤ 增加工作中的樂趣。任何工作都是有樂趣可尋的。我們要做到帶著快樂工作，帶著快樂回家。增加工作中的樂趣，帶著樂趣工作，一定能夠提高工作效率，一定可以把工作做好。

本書從以上九個方面，全方位地為職場人士怎樣提高工作效率提供了一個立體式的可行方案。無論你是行政人員還是普通職員，無論你是經營者還是管理者，無論你是推銷員還是技術員，無論你是辦公室人員還是自由職業者……通過閱讀本書，你都能從中受益。

Contents 目次

1 Chapter
端正自己的工作態度

平凡與平庸的最大區別，在於平凡的人可以把平凡的工作做偉大，平庸的人會使崇高的工作變卑下。產生這種區別的根本原因就在於一個人擁有什麼樣的工作態度。以勤奮、主動、忠誠、敬業的態度對待工作，工作效率就越高，工作業績就越突出。

2 Chapter

提高時間的利用率

在相同的時間內，不同的人所做的工作相差懸殊。不會利用時間的人總是事倍功半，會利用時間的人則可事半功倍。成功人士都有一個共同的特點，他們都是管理時間的高手，而那些失敗人士則都不善於管理時間。學會管理時間，提高時間的利用率，才能有效地提高工作效率。

3 Chapter

加強工作的執行力度

所謂執行力度，是指各級組織將戰略付諸實施的能力，反映的是戰略方案和目標的貫徹程度。在日常工作中，我們要敢於突破思維定式和傳統經驗的束縛，不斷尋求新的思路和方法，養成勤於學習、善於思考的良好習慣，最重要的是要行動起來。

這樣才能提高工作效率，使執行的力度更大，速度更快。

4 Chapter
分清工作的輕重緩急

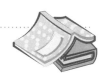

在日常工作中，有些人會被手頭繁重的工作所壓垮，有些人則能輕鬆而高效地完成。這其中的關鍵在於能否分清工作的輕重緩急。對工作進行合理的分類，分清工作的輕重緩急，知道先做什麼後做什麼，就能大大提高我們的工作效率。

5 Chapter
解決工作中的困難

在日常工作中，我們都會遭遇到各種問題與困難。我們應該想辦法克服困難，解決問題，而不是坐困愁城。其實工作中的困難和問題都是職場上的試金石，只要能夠積極地去面對它們，並且想辦法去解決它們，我們就會不斷地取得進步。克服工作中的困難，解決工作中出現的問題，就是在提高工作效率。

6 Chapter
理順工作中的人際關係

人際關係是開展工作的依託，在當前的組織中，沒有哪個人可以不依靠別人就能完成工作的。只要開展工作，就要和同事、上司、下屬人員發生聯繫，就存在人際關係處理的問題，就需要協調好各方人際關係。只有理順工作中的人際關係，才能更有效地提高工作效率。

7 Chapter
達成有效的溝通

事實上，工作上的溝通就是講做事情，它可以籠統概括為兩件事，就是做正確的事情和把事情做正確。我們要掌握溝通的基本原則、技巧和方法，在工作中和別人溝通的時候加以利用，這會大大提高我們的工作效率。

8 Chapter

提升自己的工作能力

要想提高工作效率，就要提升自己的工作能力，因為能力提高了，效率自然就提高了。掌握扎實的理論基礎，可以說是工作能力中的最基本的一項能力，然後就是良好的專業技能了，也就是理論與實踐的結合，所以要提高動手能力。同時還要具備一定的學習能力、思考能力、應變能力、心理承受力、團隊合作能力，提升一下自己的綜合素質。

Chapter
增加工作中的樂趣

不要對工作產生厭倦情緒，我們要發現並且開發工作中的樂趣。我們選擇了一項工作，它就是值得做的，那就應該做好，並且要增加工作中的樂趣，這樣才能提高工作效率。選擇你所愛的，愛你所選擇的，快樂地工作，工作就是快樂的。

端正自己的工作態度

平凡與平庸的最大區別，在於平凡的人可以把平凡的工作做偉大，平庸的人會使崇高的工作變卑下。產生這種區別的根本原因，就在於一個人擁有什麼樣的工作態度。以勤奮、主動、忠誠、敬業的態度對待工作，工作效率就越高，工作業績就越突出。

工作態度決定工作價值

　　在這個世界上，所有正當合法的工作都是值得尊敬的。只要你誠實地勞動和創造，沒有人能夠貶低你的價值，關鍵在於你如何看待自己的工作。那些只知道要求高薪，卻不知道自己應承擔的責任的人，無論是對自己還是對老闆來說，都是沒有價值的。

　　很多人苦苦尋求，就為能有一份工作，藉以安身立命；等到真有工作了，又總是把它看做是一種約束，認為是在為別人勞累自己，於是能敷衍就敷衍，心裏總有一種應付感；偶爾需要在下班以後多做一些事，他們就覺得是一種額外的付出，要嘛推辭，要嘛談報酬、講條件，很少有主動承擔或全心投入的。

　　工作本身沒有貴賤之分，但是對於工作的態度卻有高低之別。看一個人是否能做好事情，只要看他對待工作的態度就知道了。而一個人的工作態度，又與他本人的性情、才能有著密切的關係。一個人所做的工作，是他人生態度的表現，一個人一生所從事的職業，就是他志向的表示、理想的所在。一個人只有端正了工作態度，才能從工作中獲得想要的東西。

　　一群鐵路工人，正在月臺邊上的鐵道上汗流浹背地工作，一列火車緩緩開了進來，打斷了他們的工作。火車停了下來，有一節車廂的窗戶打開了，車廂內的空調系統散發出陣陣冷氣。這時有一個低沉、友善的聲音從窗戶傳了出來：「湯姆，是你嗎？」湯姆是這群工人的負責人，聽見熟悉的聲音，他高興地回答：「是我，是克理嗎？見到你真高興。」克理是這家鐵路公司的老闆，湯姆和他是非常好的朋友。兩個人開心地聊了一會兒，不

久，火車繼續啟程，兩人只好依依不捨地道別。火車開走後，工人們忙問湯姆怎麼和老闆那麼熟悉。湯姆得意地解釋，二十年前他和克理是同一天上班，一起在這條鐵路上工作。這時有人拿湯姆尋開心，調侃他為什麼現在仍在大太陽底下這麼辛苦地工作，而你的朋友卻成了公司的老闆呢？湯姆不好意思地說：「這是因為二十年前，我只是為了一小時一點七五美元工作，而克理卻是為了這條鐵路工作。」工作的態度，會決定一個人的價值。

我們應該每天對自己的工作做一些必要的反省：所有的工作都做完了嗎？每一件事情都做好了嗎？沒有做完的下一步該怎樣安排？沒有做好的下一步該怎樣改進？自己有沒有一個明確的人生目標？為著這個目標，自己已經做了些什麼？現在正在做什麼？下一步的計畫能不能如期完成？其實人不只是為要活著才去工作的。人活著是為了要做一些事情，也只有做事情，才能讓人生真正地充實和快樂起來。工作是人走進社會的入口，人是通過工作來成就自己的人生的。

當我們面對一份工作時，哪怕是最不起眼的工作，只要這份工作對他人、對社會有益，我們都應該竭盡全力地把它做好。做好了，別人滿意，社會滿意，自己也有成就感，何樂而不為呢？

工作心得

　　只為工作而工作，為所支付的報酬而工作的人，得到的只能是報酬。為自己的人生財富、為工作的價值與意義而工作的人，除了得到報酬外，還會得到知識財富。這樣工作的人，不但工作效率高，而且自我價值也高。

讓敬業成為一種習慣

人們常說「做一行就要愛一行，做一行就要專一行」，這就是一種敬業精神。敬業不僅是一種境界，更是一種行動，不能只停留在口頭上，而是要從身邊的小事做起，持之以恆地落實到日常工作中去。認真對待每一件小事，花大精力做好每一份工作，讓敬業精神成為習慣，這才是稱職的表現。我們不會因為對工作的敬業而失去什麼；相反，我們在敬業的同時，可以收穫很多，比如主管的認可、同事的讚揚、業績的提高。

有一名女大學生利用假期到東京的一家飯店打工，她在這個五星級飯店裏，所分配到的工作是清洗廁所。當她第一天將手伸進馬桶刷洗時，差點兒當場嘔吐，勉強撐過幾日後，實在難以為繼，便決定辭職。但就在這時，和她一起工作的一位老清潔工，居然在清洗完成後，當著她的面，從馬桶裏舀了一杯水喝了下去。

那名女大學生看得目瞪口呆，但老清潔工卻自豪地表示，經他清理過的馬桶，乾淨得連裏面的水都可以喝下去。

這個舉動帶給那名女大學生很大的啟發，她看到了真正的敬業精神，就是任何工作不論性質如何，都有理想、境界，都有更高的品質可以追尋。而工作的意義和價值，不在其高低貴賤如何，卻在從事工作的人，能否把重點放在工作本身，去挖掘或創造其中的樂趣和積極性。

於是此後在洗廁所時，女大學生不再引以為苦，卻視為自我磨練與提升的道場，每當清洗完馬桶，也總是在自問：「我可以

從馬桶裏面舀一杯水喝下去嗎?」

假期結束,當經理驗收考核成果時,那名女大學生在所有人面前,從她清洗過的馬桶裏舀了一杯水喝了下去。這個舉動,同樣震驚了在場的所有人,更讓經理認為她是絕對必須延攬的人才。

畢業後,那名女大學生果然順利進入了這家飯店工作。後來,她憑著這簡直匪夷所思的敬業精神,成了這家飯店裏最出色的員工和晉升最快的人。

不要以為準時上班、按時下班、不遲到、不早退,就是完成工作了,就可以心安理得地去領薪水,就是敬業了。其實工作首先是一個態度問題,工作需要熱情和行動,工作需要努力和勤奮,工作需要一種積極主動、自動自發的精神。我們要敬重自己的工作,將工作當成神聖的事情來做,並對此付出全心的努力。敬業是一種使命,是一個職業人員應具備的職業道德。敬業所表現出來的,就是認真負責、一絲不苟的工作態度,即使付出更多的代價也心甘情願,並能夠克服各種困難,做到善始善終。

社會需要的是那些勤奮敬業的人,而不是投機取巧、嘲弄抱怨的人。選擇好自己的職業態度,將使你成為職場中的一棵常青樹。工作中麻木不仁、投機取巧、馬虎輕率、嘲弄抱怨,對主管分派的任務眼高手低、吹毛求疵、推脫藉口等,諸如此類的一切消極被動的不良習慣,都會影響個人的職業前途。職場發展的關鍵所在,並不是智商高、運氣好,而是是否擁有敬業的態度。

 工作心得

　　當我們把敬業當成一種習慣時，就能從中學到更多知識，得到更多經驗；就能全心投入到工作中，從而獲得工作樂趣。做事善始善終、一絲不苟，是工作追求的最高境界。敬業不但能夠完善自我、體現價值，同時也能使工作效率大大提高。

勤奮工作才會有所收穫

　　生活中有很多人渴望贏得成功，但又不願意去努力工作，他們希望工作輕輕鬆鬆、一帆風順，可往往事與願違。在當今競爭十分激烈的時代，要想在競爭中獲得成功，必須保持勤奮的工作態度。然而人往往都有懶惰的心理，這種惰性心理常常會導致我們對工作應付了事，抱有「只要不出什麼大的問題就行」的馬虎態度，而把自己更多的時間和精力，放在工作之餘的其他事上。當看到別人的成就時，還常抱怨自己沒有好的機遇，生不逢時。

　　勤奮是人生之金，想要獲得成功，就要有勤奮精神。勤奮是一種重要的工作態度，也是一種奮鬥精神。我們一切工作業績的取得，也都是與勤奮分不開的。

　　「來到北京尋夢，我們什麼也沒有，勤奮是我們唯一的資本。」一個職場成功人士如是說。一九九二年他們夫婦到了北京，開了一家很小的裝修公司。那時小店裏只有一男一女兩個員

工，一個是他自己，一個就是他的妻子。

夫婦倆人開店，手下沒有打雜的小工。他既當經理又當車夫還做搬運工，整天踩著三輪車為客戶送貨。那時的房子很多都沒有電梯，他就一箱一箱地搬貨上樓。

為了打下一片事業的天空，夫婦倆人沒少吃苦。搬貨、運貨等粗重活外的所有工作，妻子幾乎都承擔了。他則在烈日下、風雨中，沒日沒夜地聯繫業務、給客戶送貨。有時一天下來，累得晚上回家面對住處的樓梯，都感覺腿腳發軟。

當年與他打過交道的客戶，很多都成了他們夫婦的朋友，當然也成了回頭客，親戚朋友家裝修，他們也會推薦找他。其中有位成功人士後來開了家公司，辦公室特地找他裝修，理由是當年那麼艱難創業，還記得打電話告訴客戶木地板應當怎樣防裂，這樣的人管理的公司，絕對值得信賴。

現在這對曾經既當老闆也做員工的夫婦，掌管著擁有數以千計員工的企業。回憶創業初始，他感慨萬千，他說那段經歷是他一生最值得珍貴的財富。

「業精於勤而荒於嬉」、「天道酬勤」、「有耕耘才有收穫」，這些古訓都是我們早已耳熟能詳的。要想收穫成功，必然要付出辛勤的勞動，沒有人可以不勞而獲的。

在勤奮工作的同時，我們可以收穫很多，比如對工作的熟練掌握，對自己技能的提升等。當然，最好的結果莫過於因為我們勤奮工作，取得成就，獲得別人的認可，並得到高收入。一個人如果夠努力、夠勤奮，必將會受到他人的認可，必將會有所進步、有所收穫。

工作心得

古人說：「勤能補拙。」一個人即使不聰明，但可以用勤奮來完善不足。在工作中，如果我們想要有所收穫，那就必須要有勤奮精神，因為勤奮出才幹，勤奮出效率，勤奮出成果。我們唯有勤奮工作，才會提高效率，進而取得更高的業績。

主動工作更有激情

無論你從事什麼工作，都有它的現實意義和歷史意義。一個人僅僅完成上司交代的工作是遠遠不夠的，從公司的角度來說，你能圓滿完成上司交給你的本職工作，會得到上司的肯定，但是上司始終不知道你的潛力在哪裡，或許他能從你的檔案資料裏明白你的一些優勢，可那些都是一星半點，不夠全面，只有你自己才明白自己能做什麼、想做什麼。在這個時候如果你不主動，那麼你的一些才能、潛能，就會被歲月打磨掉。

那麼我們如何培養自己積極主動的工作態度呢？

❶ 積極有序地行動起來

事業成功的人往往耐得住寂寞，能在那些看似程式化的進程當中尋找到快樂，他們是善於自我控制的人，可以讓時間聽從自己的安排。

其實對於我們每一個人來說，每當遇到那些不情願做又不得不做的事情時，避免自己拖延的最佳辦法，就是以「積極有序的行動」來完成它：從接到任務的第一時間起，在自己的工作桌曆上，用醒目的符號標註出截止的日期，並把任務均勻地分配在日程之內。因為有惰性的人一定是先鬆後緊，最後總是慌手慌腳地把工作敷衍了事，那樣的效率與業績，是不可能超越一貫積極有序行動的人的。

❷ 永遠現在進行式

有時候對你而言，結束一件一小時之內就可以完成的工作，可能不如和朋友在 MSN 上聊幾句來得有趣。客戶非得今天拜訪嗎？明天也無妨啊，那就再聊幾句吧……

絕不要給自己一個理由，說服自己把工作交給下一個小時，而應該永遠以「現在」這兩個字來想問題。把「明天」、「後天」、「下星期」想成遙遠的下個世紀好了，做個「我現在就要開始工作」的人，哪怕只是拿起電話，和客戶說說你剛才想到的那個創意，讓他覺得你是一個主動熱情的服務者。工作在此時此刻，是讓我們保持戰鬥慾望的行動力。

❸ 具備主角意識，把公司當成自己的家

任何一個有理智的人，對自己的家庭都是悉心呵護的，都想使自己的家庭幸福美滿，都想使生活越過越富有。為這個家，他們知道怎麼盡心盡力。公司其實就是由更多人組成的一個大家庭，如果每一個員工，都能像精心呵護自己的小家庭一樣對待公司這個大家庭，與大家庭榮辱與共，他們怎麼可能不積極工作，使這個大家庭越來越興旺發達？怎麼可能還要在別人的監督下才

做事呢？

❹ 擺正個人與公司的關係

　　一個人活在世上應該有抱負，並且為之去努力奮鬥。當然，有能力經過奮鬥成為公司的老闆，成就輝煌事業的人也為數不少，但我們絕大多數人，卻還是需要在一個公司中做具體的事情。這時把個人的抱負和公司的目標很好的結合，才能做到積極主動工作。投入才有回報；忠誠才有信任；主動才有創新，當你把個人的抱負融入公司的目標之中，對工作全力以赴、盡職盡責時，公司的目標達到了，個人的抱負也會實現，否則只是追求個人抱負，眼高手低，工作敷衍了事，誰能信任你重用你？遲早會被公司淘汰，怎麼能夠實現抱負？

❺ 具備良好的思想品德

　　具備良好思想品德的人，才會積極主動工作。思想品德是人的素質中最寶貴的，具備優良的思想品德，你就會不講價錢、不計報酬、積極主動地去完成任務。而當你出色地完成任務的時候，你會得到認可，也會得到厚報，這不是你爭來的，而是你靠行動贏得的。

　　當然，良好的思想品德是在一生中造就的，無論孩提時代、青少年期、成年期，還是老年期，都需要歷練。正像古代思想家孔子所說：「自天子以至於庶人，皆以修身為本。」造就自身良好的思想品德，才會對社會、對公司負有責任感，才會忠誠於公司和上級，積極主動工作。

❻ 使「不好」變「好」

　　在現實生活中，無論社會、公司都不是完美無缺的，肯定會

有陰暗面。對於這些不完美的、陰暗的方面，如果只會牢騷滿腹、怨聲載道、憤憤不平，怎麼可能積極主動去工作？要知道，牢騷、怪話只會損害你的心情，損害你的形象，不會改變不完美的、陰暗的方面。要知道，你也有不完美之處。我們應該面對現實，用自己的行動，樹立好的榜樣，壯大美好的方面，縮小不完美的、陰暗的方面，使「不好」變「好」。

許多人總是不願主動去工作，也因此荒廢了許多的寶貴時間。其實我們不難發現許多職場上的主動者，往往最後都進入到了各行各業的高收入階層。

工作心得

我們不只要保質、保量地完成上司交給的任務，而且還要主動地去工作，主動地去發現問題、解決問題。主動工作的最大意義在於你在做那份工作時，不再像以前那樣被動，你會更加精心地把它當成自己的事情來做，做起來也更有激情，更能提高工作效率，並能從中獲取快樂、成就與滿足感。

積極心態創造更高業績

有時我們無法改變自己在工作和生活中的位置，但我們完全可以改變對所處位置的態度和方式。想要什麼樣的人生，完全決定於我們的心態，例如我們對人生的詮釋、對幸福的理解和對成

功的期待。有些人因為成功而快樂，有些人因為快樂而成功。前者的快樂是奮鬥後的慰藉，而後者的成功源於愉快的心情。

事情做得好壞的差別，往往不是有沒有能力，而是看當時身心所處的狀態。如果你總是以積極的狀態去面對你的工作，那麼就必然能獲得你意料之外的成績。事實上，我們的心態決定了我們的成敗。

某公司的一位員工雖然已經工作了近十年，但他總是抱著「我只是被雇來的，做多做少一個樣」的心態來工作，工作上也從來沒有什麼出色的業績，因此十年來他的薪水從不見漲。有一天，他終於忍不住向老闆大訴苦水。老闆對他說：「你雖然在公司待了近十年，但你的工作經驗，卻和只工作了一年的員工差不多，能力也只是新手的水準。」

那名員工在他最寶貴的十年青春中，除了僅僅得到十年的薪水外，其他卻一無所獲，這是一件非常遺憾的事情。由此看出，有一個良好的心態，對於我們的工作甚至職業前景，是多麼的重要。

在工作中，如果時刻保持一種積極向上的心態，保持一種主動學習的精神，那麼我們每個人都可以做得更好。如果我們不懂得珍惜自己的工作，從而懶惰怠慢、不求進取，那麼我們註定在工作上會和那位「十年新手員工」一樣，有著相同的命運。

積極的心態就是熱情，就是戰鬥精神，就是勤奮，就是執著追求，就是積極思考，就是有勇氣。我們要想取得成功，首先就要改變自己的心態，繼而才能改變自己的行為。我們要塑造積極的心態，積極的心態可以幫助我們克服惰性，發掘自己的潛能。

無論從事什麼工作，我們都要保證每天給自己一個希望，每

天擁有好的心情。你的心態就是你真正的主人，不要讓你的心態使你成為一個失敗者，成功是由那些抱有積極心態的人所取得，並由那些以積極的心態努力不懈的人所保持。我們要努力做到在絕望中擺脫煩惱，在痛苦中抓住歡樂，在壓力下改變心態，在失敗中找到希望。

工作心得

　　心態積極的人，知道自己工作的意義和責任，並且永遠保持著全力以赴的工作態度。他們在為企業創造價值和財富的同時，也在不斷豐富和完善著自己的職業人生。一個企業的成功與這樣的員工是緊密相連的。因為只有這樣的人，才能擁有更高的工作效率，才能創造出更高的工作業績。

壞情緒影響工作效率

　　喜怒哀樂對於每個人來說，都是很正常的情緒反應，但是在工作中，如果一些不好的情緒總是纏繞著我們，就會大大削弱工作的積極性，影響工作效率。如果你經常有這樣或那樣的壞情緒產生，那說明你的自我調節能力還需要提升，否則不但離升職越來越遠，而且你終將會成為公司的「贅肉」。所以當意識到壞情緒來襲的時候，如何控制或者把它們消滅在萌芽中，是我們走向成功必修的功課之一。

工作中當我們遇到壞情緒時，要認識到負面情緒對工作和生活是不利的，要有主動的意識去改變這種狀態。對於憤怒、煩躁這樣的負面情緒，我們可以採用拖延法，拖延一下，或轉移一下自己的注意力。我們要把生活和工作分開，不要把生活的情緒帶到工作中來，要學會正確界定自己在工作和生活中該做什麼、不該做什麼。要平衡工作和生活，學會放鬆，多參加一些文明的娛樂、體育活動，保持積極健康心態。同時，也要注意換位思考問題，不要以自我為中心。

職場成功的關鍵之一，就是控制自己情緒的能力。如果想在職場中表現得恰當，一定要學會控制情緒。

那麼如何控制我們的壞情緒呢？以下是一些消除壞情緒的小方法，可供參考：

- 放慢呼吸頻率，深吸氣並儘量延長吐氣的時間。
- 從二十起倒數，或者閉上眼睛，想像一棵枝繁葉茂的大樹。
- 如果條件允許，到辦公室外散散步。
- 回憶處理類似局面的成功經歷，或者回味過去成功時所經歷過的美好感覺。
- 將注意力集中在周圍的具體事物上，比如路上行人的面孔、辦公桌上的文具等，試著觀察一下細節。
- 考慮你今天即將開始的工作，決定一下先做什麼後做什麼，以轉移對情緒的注意力。
- 進辦公室前放鬆臉部肌肉，面帶微笑，開口向同事問好。即使不想，也要強迫自己這樣做。
- 如果知道是什麼事致使你不開心，可以對自己進行一下安

慰，告訴自己凡事想開點兒；還可以把不開心的事情講給
同事聽，以釋放內心壓力。

情緒是人對外界的一種正常心理反應，有消極和積極之分。
一個人如果將壞情緒帶進了辦公室，就好比給自己的工作帶上了
有色眼鏡。你常有這樣的感受嗎？只要遇到一件倒楣事，一系列
的倒楣事都會接踵而至……情緒不好的時候看什麼都不好，都會
挑出毛病；情緒好的時候，工作起來就會很放鬆，還可以感染同
事快樂地工作。把積極的情緒帶到公司，可以讓大家分享你的快
樂，而且有助於你提高效率。把消極情緒帶到工作中，就會在工
作處理上有誤差，也會讓同事慢慢疏遠你，還容易引起誤解和激
化矛盾。

工作心得

　　憤怒時，不能遏制怒火，會使周圍的合作者望而卻步；消
沉時，放縱自己的萎靡，會把稍縱即逝的機會白白浪費掉。成
功學大師拿破崙·希爾曾說過：「自制是人類最難得的美德，
成功的最大敵人，是缺乏對自己情緒的控制。」當壞情緒來到
我們身邊的時候，我們要學會控制和調節，因為只有好的情
緒，才會讓我們贏得更多的合作夥伴，才會讓我們創造更多的
職場機遇，也才有助於我們提高工作效率。

遵守制度是職業道德

每個公司都有自己的一套切實可行的管理制度，遵守制度應該是我們起碼的職業道德。如果你剛進入一家新的公司，首先應該學習該公司的規章制度，熟悉組織文化，以便在制度規定的範圍內，行使自己的職責，發揮自己的所能。

每天我們都應當按照約定的時間準時上班，沒有特殊的情況，就儘量不遲到、不早退、不請假，保持良好的出勤記錄。有的人對此很不以為然：「考勤嗎！早一分鐘晚一分鐘，有什麼關係呢？」其實有這樣想法的人並沒有認識到，考勤制度也是對我們是否遵守規章制度的一種考核。

面對再小的事，我們也要律己而為。作為一個正常的人，頭痛腦熱是在所難免的，公司也並非不准員工請假，但是過於頻繁地請假，肯定會影響工作效率和工作進程。請假的方式和頻率，往往也成為公司評價員工的重要依據。公司會以此評定一個員工的工作態度，進而直接影響到該員工的考核成績。

然而，不管公司規章制度如何明確，總有那麼一些人有不守時的不良習慣。他們對工作持敷衍了事的態度，無視公司制度。除了遲到早退，這些人最突出的表現，就是大事小事請事假，有病無病請病假。

小張愛耍些小聰明，碰上一些小毛病就裝作痛苦不堪狀，然後就找藉口向老闆請假。遇上朋友約會或辦點私事什麼的，更是找藉口請假不上班，每次理由總是十分充足。老闆雖然不勝其煩，可是也不好駁回。

　　一次，小張又撒謊說奶奶去世了，回家鄉一個星期。可是七天後小張返回公司時卻遭解雇。原來小張與女友去海外旅遊了，以為無人知曉，不料，老闆的一個朋友也在該旅行團中，正巧認識小張，小張的這次謊言自然穿幫。老闆心想，既然你小張那麼喜歡請假，那不如給你一個永久的長假好了。於是小張的結局就是如此了。

　　沒有規矩不足以成方圓，除了成文的規章制度，還有那些沒被列入成文的規則，長期以來被廣泛公認、自覺執行的成了行為準則。雖然規章制度不可能也沒必要搞得包羅萬象、繁雜瑣細，但恰恰是這些不成文的規則，體現著人的道德底線，成為我們自覺遵守的規則。每個在職場中的人，都該遵守職場中的規則，這也是我們必備的職業素質和道德水準。

❶ 維護公司形象

　　從某種程度上說，公司形象是一個非常重要的財富，維護公司形象是每個員工必須遵守的規則。每個員工都應改掉自己多年來養成的壞習慣，如火爆、任性、懶惰、拖拉等。要正確地處理自己的行為，守時、著裝、行事、說話、動作等，都要遵守規章制度和禮儀規範。

❷ 樹立追求價值的工作目標

　　要結合自己的專業特點、興趣愛好、公司的業務平臺，來確立自己近期的職業發展目標和生活目標，挑戰新目標，迎接新機會。需要強調的一點是目標要基於現實又要高於現實，能夠穩步推進，階段見效。要追求工作價值，除金錢之外，還應該追求其他的價值，特別是一些潛在的價值。

❸ 要自立、自信、自愛、自尊

　　我們都要自信、自愛、自尊。一個人能自立才會有足夠的自信，自信的基礎是自立。一個懂得愛護自己的人，才會培養出足夠的自尊——尊重自己存在的價值。一個人自立、自信、自愛、自尊，才會得到別人的信任與尊敬。

❹ 要誠實守信，勇於承認錯誤

　　誠實守信是一個人最起碼的職業準則，說到的話一定要做到，才能獲得大家的肯定和尊重。有錯誤要勇於承認，還要從中吸取教訓，否則會犯大錯誤。

工作心得

　　任何公司都有它的管理制度，遵守制度是人起碼的職業道德。如果你不嚴格遵守公司制度，必然會導致上司對你有看法，覺得你對工作沒有足夠的熱情。遵守公司的規章制度工作，有助於提高工作效率，還有助於克服懶散、不負責任的習慣。

成功都是從點滴開始的

　　我們的工作很大程度上都是從小事做起的，就像我們的生活，驚天動地的大事很少，而天天面對的都是一些小事。只要我們認真地去對待它，就會發現這小事中的巨大價值。人們常說要

有遠大理想抱負，要做大事。遠大的志向固然不可少，但大事也是由小事組成的，如果連小事都做不好的話，又如何去做大事？

老子說：「天下難事，必作於易；天下大事，必作於細。」做大事需要有大局帷幄、宏觀決策的能力。可是大事是小事組成的，注重小事和細節也同等重要，甚至比之更為重要。大多數時候「舉輕若重」地持之以恆，恰恰是「舉重若輕」的必要補充。

美國標準石油公司曾經有一位小職員叫阿基勃特，他在出差住旅館時，總是在自己簽名的下方寫上「每桶四美元的標準石油」字樣，在書信及收據上也不例外，簽了名，就一定寫上這幾個字。他因此被同事叫做「每桶四美元」，而他的真名倒沒有人叫了。

公司董事長洛克菲勒知道這件事後說：「竟有職員如此努力宣揚公司的聲譽，我要見見他。」於是邀請阿基勃特共進晚餐。

後來洛克菲勒卸任，阿基勃特成了第二任董事長。

在簽名的時候署上「每桶四美元標準石油」，這算不算是小事？嚴格說來，這件小事還不在阿基勃特的工作範圍之內。但阿基勃特做了，並堅持把這件小事做到了極致。那些嘲笑他的人中，肯定有不少人的才華、能力在他之上，可最後只有他成了董事長。

每個人所做的工作，都是由一件件小事構成的，不要對工作中的小事敷衍應付或輕視懈怠。記住，工作中無小事。所有的成功者，他們與我們都做著同樣簡單的小事，唯一的區別就是，他們從不認為他們所做的事是簡單的小事。

無論要實現多麼遠大的理想，多麼宏偉的目標，都是要從小事做起，最終一步步實現的。許多立志要做大事的人，尤其是一

些年輕人，常常有一個錯誤認識：他們認為，既然自己選擇了做大事，那做的就應該都是轟轟烈烈的大事，而不應該「大材小用」，去做一些誰都能做的小事，好像只有做大事，才能顯示出自己的胸懷大志和與眾不同。

東漢時有一少年名叫陳蕃，他總自命不凡，總是一個人在家裏讀書，一心想做出一番驚天地的大事業。一天，他的朋友薛勤來看他，見到陳蕃的院內庭院荒蕪，雜草叢生，紙屑滿地，滿目蕭然，非常髒亂。於是對他說：「孺子何不灑掃以待賓客？」他答道：「大丈夫處世，當掃天下，安事一屋？」薛勤當即反問道：「一屋不掃，何以掃天下？」這時陳蕃無言以對。

陳蕃「掃天下」的胸懷固然可嘉，但錯的是他沒有意識到「掃天下」正是從「掃一屋」開始的，「掃天下」自然包含了「掃一屋」，而不「掃一屋」，是斷然不能實現「掃天下」的。

小事做起來是枯燥的，需要我們有持之以恆的信念和毅力。一個人能力的高低，在很大程度上，就是看他能否把事情做透、做好，即事情的細節反應出做事的水準。如果帶著一種消極的心態對待小事，認為只是一個形式，敷衍了事，淺嘗輒止，則是會連小事都做不了。

成功都是從點滴開始的，甚至是細小至微的地方。如果不遵守從小事做起的原則，必將一事無成。我們不要急功近利，要先歷練自己的心境，沉澱自己的情緒，學會從零做起，從小做起。只有這樣，我們才能做成大事。

工作心得

　　大事皆由小事而成，小事不願做、不屑做、拒絕做，做大事就只能成為空想。對工作中的任何小事及細節，我們絕不能採取敷衍應付或輕視懈怠的態度，這樣才能從根本上防止和避免危害，以及損失的產生，否則如果始終不拘小節，不屑抓細節，只會因小「疵」而掩了大「玉」。成功是一步步走出來的。在工作中，我們只有把每一件事情都認真負責地做好，才能提高工作效率，才能在業績的上升中獲得成功。

 # 不要只為拿薪水而工作

　　有的人上班時總喜歡「忙裏偷閒」，他們要嘛上班遲到、早退，要嘛在辦公室與人閒聊，要嘛藉出差之名遊山玩水，這些人也許並沒有因此被開除或扣減薪水，但他們會落得一個不好的名聲，也就很難有晉升的機會。如果他們想轉換跑道，其他人也不會對他們感興趣。

　　一個人如果總是為自己到底能拿多少薪水而大傷腦筋的話，他又怎麼能看到薪水背後可能獲得的機會呢？這樣的人只會在無形中，將自己困在裝著薪水的信封裏，永遠也不懂自己真正需要什麼。

　　那些不滿於薪水低而敷衍了事工作的人，固然對老闆是一種

損害，但是長此以往，無異於使自己的生命枯萎，將自己的希望斷送。他們埋沒了自己的才能，湮滅了自己的創造力。

世界上沒有卑微的工作，只有卑微的工作態度，只要全力以赴地去做，再乏味的工作，也會變成最出色的工作，就像希爾頓說的：「世界上沒有卑微的職業，只有卑微的人。」

有人問三個砌磚的工人：「你們在做什麼呢？」

第一個工人沒好氣地嘀咕：「你沒看見嗎，我正在砌牆啊。」

第二個工人有氣無力地說：「嗨，我正在做一項每小時九美元的工作。」

第三個工人哼著小調，歡快地說：「你問我啊！朋友，我不妨坦白告訴你，我正在建造這世界上最大的教堂！」

我們不妨設想一下他們三位的命運，前兩位繼續在砌著他們的磚，因為他們沒有遠見，不重視自己的工作，不會去追求更大的成就。但那位認為自己在建造世界上最大的教堂的工人則不一樣了，他一定不會永遠是個砌著磚的工人，也許他已經變成了承包商，甚至變成了很有名氣的建築設計師，但我們相信他還會繼續向上發展。因為他善於思考，他沒有把工作只當成工作，他對工作的熱情，已經明顯地表現出他想更上一層樓。

人們都羨慕那些傑出人士所具有的創造能力、決策能力，以及敏銳的洞察力，但是他們也並非一開始就擁有這種卓越的能力，這些都是在長期工作中積累和學習到的。在工作中他們學會了發現自我，使自己的潛力得到充分的發揮，從而展現出了自我的價值。

我們不應該僅僅把工作視為取得麵包、乳酪、衣服、公寓的

一種討厭的「需要」，一種無可避免的苦役；而應該把工作當做一個鍛鍊能力的機會，一個訓練培養品格的大學校，一條成就理想的途徑。工作能激發我們內在最優良的品格，讓我們在奮鬥、努力中去發揮出所有的才能，有信心去克服一切成功之障礙。工作不是一種苦役，我們要懂得那些毅力、堅忍力以及其他種種高貴的品格，都是從努力工作中得來的。

工作的時候腦子裏全是「我是在為錢工作」的思想，是一種很不負責任的想法。面對不高的薪水，你應當懂得，公司支付給你的工作報酬固然是金錢，但你在工作中給予自己的報酬，乃是珍貴的經驗、良好的訓練、才能的表現和品格的建立。這些東西與金錢相比，其價值要高出千萬倍。

工作心得

> 不要只為拿薪水而工作，工作所給予我們的，要比我們為它付出的多。如果我們要將工作視為經驗的積累，那麼每一項工作中，就會包含著許多機會。只要我們勤奮工作，就會在提高工作效率和工作業績的同時，得到更多的回報。

在其位，謀其職

人在一生中會不斷地更換學習、工作、生活環境，不斷變換位置，會經受各種磨難，會有驚喜、歡樂和收穫。這就要求我們

要不斷審視自己，不斷地完善自己，有一個更新的思想，不斷地接受新的事物，更好地充實自己，迎接每次遇到的挑戰。這就是一種「在其位，謀其職」。

許多人都在拼命地追求豐厚的薪酬和良好的工作環境，但當驀然回首時，卻發現自己一無所有卻已虛度年華；而那些埋頭苦幹、默默堅守崗位的人，卻已擁有一技之長，或已具有豐富的工作經驗。

任何技藝和經驗的摸索，都源於踏實的工作，只有親身體會，才能逐漸完善和改進，而「在其位，謀其職」便是踏實的表現。

有人曾就個人與位置之間的關係，請教一位成功人士：「你為什麼能在自己的位置上穩如泰山？」

成功人士這樣回答道：「我在工作時會集中精力踏踏實實地做一件事，我會竭盡全力把它做到最好，簡單地說，就是『在其位，謀其職。』」

無論從事什麼工作，只要你已經著手了，千萬別心猿意馬地著迷於那些不切實際的誘惑。你一定要珍惜自己的工作，對你的工作絕不能吝嗇勤奮和汗水，一定要全力以赴，對自己的工作負責任，否則在失去後再痛心疾首，那就太晚了。

有一位著名的跨國公司總裁曾告誡自己的員工：「要嘛在其位就謀其職，要嘛就走人。」的確，不論哪一級的工作人員，都必須要好好珍惜自己的工作，在其位，就要謀好其職，而不要懈怠自己的工作與職責。留心觀察那些在職場中獲得成功的人，我們不難發現，這些人不論做什麼事情，都是「在其位，謀其職」，能認認真真地做好自己的本職工作。所以他們往往能在平

凡的崗位上做出不平凡的業績，也正因為如此，他們總能在職場中獲得成就夢想的機會。

人可以不偉大，可以清貧，但不可以沒有責任。對於我們來講，這個責任就是「在其位，謀其職」。企業是我們的第二個家，無論是老員工還是新員工，無論是管理階層還是技術能手，身在同一企業，就有責任為我們所在的企業做出自己的貢獻，有責任為我們共同的家而努力。因為我們有共同的利益，只要企業發展上去了，才能為我們提供更好的發展機會，才能更好地改善我們的物質和精神生活。

我們應以主角的姿態投身到建設企業、發展企業的各項工作中去，在工作中盡其所能，盡職盡責，努力完成好每一項工作任務。只有這樣，我們的企業才能更加興旺發達，我們的自身價值才能得到充分體現，我們也將獲得更大的成功。

工作心得

面對工作，我們要全心全意、盡職盡責，把該做的工作做好，並且精益求精。我們在其位就要謀其職，把以前的欠缺和空白補上，努力提高工作效率，而且要比同事和前輩做得更多，要比預期做得更好。這樣我們就會在鞏固了自己位置的同時，也提升了工作業績。

工作面前沒有藉口

　　人做事不可能一輩子都一帆風順，就算沒有大失敗，也會有小失敗。每個人面對失敗的態度也會不一樣，有人不把失敗當一回事，因為他們認為「勝敗乃兵家常事」；也有人拼命為自己的失敗找藉口，告訴自己，也告訴別人，他們的失敗是因為別人扯後腿、家人不幫忙，或是身體不好、景氣不佳，連國外的戰爭都可以成為失敗的理由。

　　藉口其實是一種欺人與自欺的謊言，理由的背後是什麼呢？這些理由真的能夠站得住腳嗎？失敗時，一味尋找藉口，漸漸會麻痺了我們的思想，於是當問題產生時，我們首先想到的是如何解釋，以緩解壓力和尋求諒解。其實當一個人在抱怨的時候，實際上就是在為自己找藉口了，而找藉口的唯一好處就是安慰自己。但這種安慰是致命的，它讓人對現存的狀況無動於衷，並且給人一種心理暗示：我克服不了客觀條件造成的困難。在這種心理的暗示引導下，我們不再去思考克服困難、完成任務的方法，哪怕是只要改變一下角度就可以輕易地到達目的。尋找藉口就是對所做事情的拖延和放棄，它會使人變得懦弱，不負責任。

　　一個人一旦養成找藉口的習慣，他的工作就會拖拖拉拉，沒有效率，做起事來就往往不誠實，這樣的人不可能是好員工，也不可能取得什麼大成就，在公司裏這樣的人遲早會被辭退。

　　許多找藉口的人，在享受了藉口帶來的短暫快樂後，起初還有點兒自責，可是重複的次數一多，也就變得無所謂了，原本有點良知的心，也就變得越來越麻木不仁。其實遇到挫折，無論怎

樣尋找藉口，最終都是徒勞無益的。我們只有在失敗中吸取經驗，調整策略，不斷嘗試各種方法，才能最終找到解決問題的辦法。

在墨西哥市一個漆黑、涼爽的夜晚，坦尚尼亞的奧運馬拉松選手艾克瓦里，吃力地跑進了奧運體育場，他是最後一名抵達終點的選手。

這場比賽的優勝者早就領了獎盃，慶祝勝利的典禮也早就已經結束了，因此艾克瓦里一個人孤零零地抵達體育場時，整個體育場已經幾乎空無一人，艾克瓦里的雙腿沾滿血污，綁著繃帶，他努力地繞完體育場一圈，跑到了終點。

在體育場的一個角落，享譽國際的一名紀錄片製作人，遠遠看著這一切。接著在好奇心的驅使下，他走了過去，問艾克瓦里為什麼要這麼吃力地跑至終點。這位來自坦尚尼亞的年輕人輕聲地回答說：「我的國家從兩萬多公里之外送我來這裏，不是叫我在這場比賽中起跑的，而是派我來完成這場比賽的。」

藉口不能幫助我們成功，排除一切藉口，為自己的績效負責，為成功找方法，不為失敗找理由，這才是邁向成功的基本態度。

每一個人都不見得能一次嘗試就成功，每個人也都有犯錯的時候，別人可以原諒你，但自己不能為自己找臺階，必須告訴自己錯在哪裡，不再重複犯錯，必須抱持這種態度。在每一次未能達成理想結果時，一定要進行研究，不斷找尋新的方法來實踐，不斷修正自己的行為，就會一次比一次更進步、更理想。態度的改變，代表做事方式即將改變，行為一旦改變，結果也自然會改變的。

　　面臨失敗時，該怎麼做，取決於你的一念之間。在失敗時，我們首先要做的是自我分析，問問自己：

　　阻止我成功最常用的藉口是什麼？

　　我這個月犯的最大的錯誤是什麼？

　　我怎麼做才能改正它？

　　我們要努力找出解決問題的方法來，把問題解決掉；如不能解決，在吸取教訓後，下次一定不要再犯，進而養成不推卸責任的好習慣。

　　我們不要為自己的錯誤辯護，再美妙的藉口也於事無補。不如把尋找藉口的時間和精力用到工作中來，仔細琢磨下一步該怎麼做。反過來說，面對失敗，如果將下一步的工作做好了，失敗就可以成為成功的墊腳石。這樣一來，失敗的藉口就不用找了。

工作心得

　　優秀的人從來不會給自己找藉口，他們會在事先做好計畫，會在工作中堅定不移地朝著目標前進，全力以赴地排除困難，提高自己的工作效率，努力地完成任務。拋棄找藉口的習慣，就會在工作中學到很多解決問題的技巧，這樣各種藉口，也就會離我們越來越遠。

 # 跳槽前要明白辭職的原因

為自己找一個「更好」的工作沒錯，但在選擇之前，最好能有個理性的分析，是去是留，先想好，再決定。

不管怎樣，辭職都應是謹慎的行為，在沒有做出最後的決定前，也是一件超級苦惱的事情。在辭職之前，你要明白自己動「辭職」這個念頭的原因。只有這樣，才能讓自己順利地邁出下一步。

當你覺得在工作中度日如年，你該問問自己以下的問題，是不是還有足夠的理由，留在目前這個崗位上。

❶ 覺得自己會有遠大的前程嗎？

也就是說，你覺得自己有可能被提升嗎？或者前面是不是一條死路？你的職業有時候如同你結交的異性朋友一樣，你總想知道，有一天，你能否得到一聲意長味深的承諾，否則你就該抽身退出了。

❷ 你覺得自己不再忠實於本職工作了嗎？

你怨恨目前的工作，對它毫不關心。你目光看著別處，給一些徵才廣告回信，到一些徵才諮詢處打聽消息，接受面試。所有這一切說明，你已開始背叛原先的工作。到了這一步，還有沒有挽回的餘地呢？

❸ 你是否還有剛開始工作時的「激情」嗎？

遞交辭職信之前，不妨再回想一下，當初為什麼會愛上這個工作，應把造成目前不良狀況的最壞因素排除出去。

❹ 你感到工作給你帶來快樂了嗎？

　　有些人因為性格內向，特別不願意在眾人面前講話，每當遇到這樣的場合，都覺得是在受刑；還有的人對所從事的工作感到力不從心，為無形的壓力所苦。不管是什麼情形，工作能不能給你帶來快樂，你自己心裏最清楚。

　　除此之外，在辭職之前，你還需要問一問自己以下這些問題：

- 你是不是因為工作條件差的緣故，才決定改弦易轍的？
- 你是不是需要調整一下心緒？
- 你是否渴望有一份新工作，來充分表現自身的價值？
- 你是否考慮到新工作將要求你付出更多的精力，表現出更多的能力？你行嗎？
- 你對自己的性格及嚮往的工作環境，有個基本瞭解嗎？
- 你有把握確定自己的興趣與嚮往的職業嗎？
- 你知道別人看重你哪方面的能力嗎？
- 你是否具有目前無機會發揮的能力？
- 你有沒有想過重起爐灶，將可能使你減少薪水、花費時間，或遭家人反對？
- 你能否在不參加培訓或不再次接受教育的前提下，去接手新的工作？

　　跳槽人群覆蓋面非常廣，不僅有工作剛滿一年的青年員工，很多工作一、二十年的專業經理人等中高級人才，更是樂此不疲。一份調查，給熱衷跳槽的人和準備跳槽的人敲響了警鐘：百分之六十的跳槽者在跳槽以後產生了挫敗感，認為自己的跳槽是失敗的；對於從前的跳槽經歷，有超過半數的人感到不滿意；另

外，百分之十二的跳槽者在新公司未能通過試用期。

對於百分之六十的失敗率，專家分析說：原因有很多種，但是大多數人都存在單純以薪資為導向，或是以熱門行業為導向的盲目性，或者是在新公司因「水土不服」而導致失敗。另外還有一些人跳槽時只是認準了一個熱門行業，卻忽視了自己的興趣和專業背景，這些問題充分地反應出一些人在跳槽時的盲目性。因此跳槽前的職業規劃是必不可少的，只有明白自己以往的職業特點，目前的職業定位和未來的職業方向，才能確定合適跳槽的時機，並能準確把握好因跳槽而帶來的最大價值、最好促進職業發展的進程。

大多人都認為「做生不如做熟」，跳槽是極具風險的。因為你到新的公司工作，工作適應需要很長一個過程。哪怕是有經驗的人，前幾個月都得用來適應、磨合。新公司、新的上下級關係、與不同部門人打交道、同部門同級的相處，都需要你重新調整適應。而新的工作內容，哪怕和你原來的工作內容一樣，還是有一個上手的過程。新環境的適應需要時間，而達到舊環境的那種和諧，更需要時間。這也是很多人跳槽後有強烈挫敗感的原因。所以如果不是對工作滿意度非常低，就別著急跳槽。

工作心得

　　為了尋求更好的發展機會，很多人都有跳槽的經歷。可以說跳槽已成為一個普遍現象，但有相當一部分人跳槽後的狀況越來越糟糕。跳槽必定有得有失，對新工作的取捨關鍵，是要看這個「得」是不是你最想要的。在工作中，我們最想要的結果是提高工作效率，提升工作業績，這才是工作滿意度中最重要的準則。不要因為一時的衝動，而做出因小失大的決策，讓自己後悔莫及，所以在決定跳槽時要謹慎對待。

提高時間的利用率

　　在相同的時間內，不同的人所做的工作相差懸殊。不會利用時間的人總是事倍功半，會利用時間的人則可事半功倍。成功人士都有一個共同的特點，他們都是管理時間的高手，而那些失敗人士則都不善於管理時間。學會管理時間，提高時間的利用率，才能有效地提高工作效率。

Coffee break

珍惜有限的工作時間

　　我們知道成功的人都非常珍惜自己的時間。那些全心投入工作的人，從來都不會主動和別人海闊天空地閒聊。因為他們不希望自己寶貴的時間就這樣白白浪費，他們會想用這些有限的時間，去做些有意義的事。

　　有人或許會說，他們都是成功人士，當然不會有閒暇的時間了。其實不管是成功人士，還是普通人士，都要珍惜自己的時間。珍惜時間是為了創造更大的價值，要珍惜自己的時間，同時也要珍惜別人的時間。珍惜自己的時間，可以讓自己遊刃有餘地做自己的工作。珍惜別人的時間，是為了和別人處好關係。如果總是在別人工作的時候，和別人海闊天空地談一些與工作無關的話，這樣就是在妨礙別人的工作，不會有人喜歡和妨礙自己工作的人交往的。那些成功人士都不會浪費時間，不管是自己的還是別人的。因為他們知道，在浪費別人時間的同時，也是在浪費自己的時間。

　　在珍惜時間這方面，有些人做得滴水不漏。他們最可貴的本領之一，就是與任何人交往或商談，都能簡捷迅速。這是一般成功者都具備的素質。一個人只有真正認識到時間的寶貴時，他才會有意識地學會珍惜時間，學會去防止那些愛說閒話的人來打擾他。

　　在美國近代企業界裏，與人接洽生意能以最少時間產生最大效益的人，首推金融大王摩根。為了恪守珍惜時間的原則，他得罪了很多人，因此招致了許多怨恨。雖然可能會被別人怨恨，但是我們都應該把摩根作為這方面的典範，因為人人都應具有這種

珍惜時間的美德。

　　晚年的摩根仍然是每天上午九點三十分進入辦公室，下午五點回家。有人曾經對摩根的資本進行了計算，根據計算顯示，他每分鐘的收入是二十美元。但是摩根自己說好像還不止。除了與生意上有特別重要關係的人商談之外，摩根還從來沒有與人談話超過五分鐘以上。

　　通常摩根總是在一間很大的辦公室裏，與許多職員一起工作。他不像其他的商界名人，只和秘書待在一個房間裏工作。摩根會隨時指揮他手下的員工，按照他的計畫去行事。如果走進他那間大辦公室，是很容易能見到他的，但是如果沒有重要的事情，他絕對不會歡迎別人去打擾他，因為他不會和任何人做無謂的交談。

　　摩根是一個有著極其卓越判斷能力的人，他能夠輕易地猜出一個人要來接洽的到底是什麼事。當一個人在對他說話時，不管怎樣地轉彎抹角都沒有用，他能立刻就猜出對方的真實意圖。具有這樣卓越的判斷力，使摩根節省了很多寶貴的時間。對於那些本來就沒有什麼重要事情需要接洽，只是想找他來聊聊天的人來說，摩根絕對不會和他多說一句話。

工作心得

　　我們每天的工作時間都是有限的，在有限的工作時間裏就應該工作，而不應該去做一些與工作無關的事情，比如聊天、辦個人私事、長時間地接打私人電話等。珍惜有限的工作時間，才能在工作時間內多做事，或把事情做好，才能真正地提高工作效率。

 # 有效管理時間，提高工作效率

　　一個人只有善於利用時間，才能提高工作的效率和品質。時間彌足珍貴，我們不能絕對地延長壽命，但可以通過善用時間，來相對地將時間延長。這樣就等於增加了時間的「密度」，擴充了有限的時間內涵。

　　人們之所以會浪費時間，就在於他們沒有想到自己是時間的主人，沒有做到有效地管理自己的時間。

　　現代商界中與人洽談生意，都希望利用最短時間來產生最大效益。有很多大銀行、大公司的經理以及高級職員，經過多年經驗，都養成了善用時間的習慣。有不少實力雄厚、目光遠大、判斷準確、吃苦耐勞的大企業家，多是沉默寡言而辦事迅速敏捷的人，他們所說出來的話，句句都是確切而有的放矢的。他們從不在無謂的事情上面，多耗費一點一滴的時間。

　　怎樣有效地管理時間來提高工作效率呢？我們要重視時間管理的基本原則：

- 定期對自己每個時間段的工作情況，做好檢查和反省。即通過記錄自己的時間，追蹤自己的時間流向，定期分析自己時間的運用狀況，找出在時間安排上存在的問題，和造成時間浪費的因素，進行修訂並改掉浪費時間的習慣。
- 在制訂工作目標的同時，要擬訂工作的進展計畫，使時間的應用更具效用和計劃性，並在實際工作中，心無旁騖地在一段時間內，切實執行工作計畫，使自己成為掌握時間的主人。

- 學會有效運用每天的黃金時間，解決對自己工作中比較重要的事情，以提高問題的解決效率。
- 對自己的工作進行相應的時間管理。首先，對具體的、可確定的工作計畫，必須是明確的、具體的，明確到每一個時間段具體要完成什麼樣的工作內容；其次，對工作中可以衡量的、可以量化的工作，如銷售目標做一個計畫進行分解，並按照時間要求追蹤落實；再次，對容易達到和短時間內能夠完成的工作，盡可能抓緊時間進行落實，防止因為工作或者事情太小而忽視；第四，要注重工作計畫的完成效果；最後，對所負責的工作要有限定的完成時間，不要為自己找藉口或者理由而推脫。

這個世界很公平，不管你是窮人還是富人、無論你是管理者還是普通的員工，每個人每天都只有二十四小時，如果你把八小時的工作時間，當成鍛鍊自己能力的八小時，那你的進步就很快；如果你錯誤地認為這八小時是屬於老闆的，八小時之外才是自己的，那你一生損失的時間就會很多，你會不自覺地放棄了很多學習和晉升的機會。

每個人都應做自己時間的管理者。要知道，「挽留」時間無術，「購買」時間無門。只知道珍惜時間而不懂得怎樣去分配時間也不行，唯一的辦法就是：管理時間，駕馭時間，做時間的主人。把自己人生的各個階段，進行全面規劃統籌安排。

早在兩千五百年前孔子就說過：「吾十有五而志於學，三十而立，四十而不惑，五十而知天命，六十而耳順，七十而從心所欲，不逾矩。」也就是說，人應該十五歲開始立志發奮學習，三十歲開始創立事業，到了四十歲，已不為紛繁複雜的社會現象所

迷惑，五十歲懂得了自然規律，六十歲能採納各種不同意見，七十歲時處理問題得心應手，不出差錯。這便是個人大體的人生規劃，即把一生的時間當做一個整體運用，圍繞人的不同生命階段，來對自己進行終身設計和管理，這是一個人時間管理成功的關鍵。

工作心得

　　每個人的時間都是有限的，但是只要我們善於管理時間，就可以拉長時間的寬度，提高時間的利用效率。養成良好運用時間的習慣，做時間的主人，才能有效地提高我們的工作效率。

提高時間的利用率

　　充分利用時間、提高時間利用率，實質上就是以較少的時間做較多的事情。充分利用時間是一個永恆的話題，我們辦每件事都要考慮節約時間的問題，做到充分利用時間來提高工作效率。

　　那麼如何充分利用時間、提高時間的利用率呢？下面的一些建議可供參考：

❶ 以較小的時間單位辦事

　　這樣有利於充分安排和利用每一點點時間，一時節約的時間

和精力或許不多，但長期積累，便可節約大量的時間。

❷ 給自己限定時間

人的心理很微妙，一旦知道時間很充足，注意力就會下降，效率也會跟著降低；一旦知道必須在什麼時間裏完成某事，就會自覺努力，使得效率大大提高。人的潛力是很大的，給自己限定時間，通常不會影響心身健康，卻可大大提高工作效率。

❸ 關鍵時刻要搶時間

平常要充分利用時間，關鍵時刻要搶時間。如果搶時間的能力差，就很容易在關鍵時刻失敗，因此我們都要學會搶時間。

❹ 採用先進的工具和技術節約時間

採用先進的工具和技術節約時間，一時節約的時間或許不多，但長期積累則會很多。假如一生都儘量採用較先進的工具和技術，就會節約大量的時間。儘管使用先進的工具和技術，可能要花不小的代價，但與長期積累所節約的時間相比，是值得的。

❺ 把時間安排滿

把自己的時間安排得滿滿的，促使自己努力地去工作，這是充分利用時間的最好辦法。假如給自己安排的事情不多，那麼無論如何認真，時間還是沒有被充分利用。

❻ 優先辦理重要的事情

所做的事情越有意義，時間的利用率就越高；反之，時間的利用率就越低。如果把大部分時間用在瑣碎的事情上，就是非常不值得的。

❼ 用最多的時間發揮特長

發揮特長有助於個人發展，因此應投入較多的時間發揮特長。投入於特長的時間越多，對個人的發展越有利，一生的時間利用率也就越高。

❽ 通過合作節約時間

對於一件事，可分割成幾個較小的部份，自己只做其中一部份，其他部分讓別人去做，這樣可為自己節約很多時間。

❾ 一心多用

我們可以邊吃飯，邊聽新聞、音樂；邊看電視，邊交談；邊看書，邊交談；邊吃飯，邊交談；邊打乒乓球，邊交談。在刷牙、洗臉、刮鬍子、穿著打扮時，可讓自己放鬆。我們都有一心多用的願望，長期如此，就會在不知不覺之中形成了習慣，這對於充分利用時間非常有益。當然，這要視自己的情況而定，不要因此而影響健康。

❿ 給自己找更多的事情做

沒事做或沒有較多的事情做，是很多人沒有充分利用時間的一個主要原因。不斷進取，樹立較大的目標，是使自己有更多的事情做的最好辦法。一個人的潛力是很大的，而大部分人的潛力只用了很小一部份而已。

⓫ 利用間斷時間

比如看電視時，人們通常只留意其精彩的內容，因此通過多換台，可以得到更多精彩的內容。可以邊看電視邊做其他事情，電視內容精彩時，就看一看，反之，就做別的事。在公事包裏放

一本好書，有空就拿出來看一看，工作中間沒事時也可拿出來看，在飯店裏等吃飯時也可以看一看……

⑫ 利用零碎時間

利用好零碎時間並不難，但最容易被人們所忽視。優秀人士與一般人的區別，主要在於他們善於利用零碎時間，儘管一時的區別並不大，但長期積累，差距就產生了。例如坐捷運、坐火車時，讀讀報紙或構思一個企畫案，或者好好地自我放鬆一下（比如閉目養神）；在等待的時間裏，可考慮發展計畫，讀幾頁書，看看報紙，處理一些瑣事或放鬆一下。

⑬ 多考慮現在和未來

我們要多考慮現在和未來，少考慮過去的事情，以便充分利用時間和精力。回顧過去，往往會浪費很多時間和精力。當然，在處理許多事情時，也是要吸取以往的經驗和教訓的，因為過去有些經驗和教訓，可作為現在或以後辦事的參考

⑭ 充分利用休息時間

比如利用吃飯時間、飯後短暫的休息時間、運動後放鬆的時間，和朋友、同事交談，這樣既有利於放鬆身心及消除疲勞，又利於交友。

⑮ 被干擾的時候做些簡單的事情

如果不速之客來了，可以邊應酬邊辦事。對於無關緊要的會議，應想辦法推掉，以免浪費時間；不得已參加這些會議時，可以簡單思考一下某個辦事計畫。

⓰ 常做記錄

隨身帶一本小冊子，有好的想法就記下來。比如隨時記錄改進工作、做好某事的好辦法、學習的心得體會等。好的想法不記下來，很容易忘記，即使勉強能回憶起來，也會費時間和精力。

 工作心得

提高了時間的利用效率，就是提高了工作效率。凡成功人士無一不是利用時間的能手，他們儘量利用好每一天，甚至利用好每一分鐘乃至每一秒鐘。綜觀成功人士的行為，他們很少有浪費時間的，他們的成功，實質上是時間利用上的成功。

🛄 找出工作效率最高的時間段

聰明的人常能輕鬆處理完成堆的工作，不是他們比別人用在工作上的時間多，而是他們是時間管理的高手。他們知道自己在哪段時間工作效率最高，哪段時間處於工作低潮。假如不能做到這些，即使簡單的事情，也會變得複雜異常。為了使事情做起來更簡單容易，我們需要訂立符合自身情況的工作計畫。

提高工作效率的一個有效方法，是要掌握自己的生物節律，知道自己效率最高的時間帶，即自己最能集中精神投入工作的時間帶。知道什麼時候應該做到什麼程度，就能縮短時間，提高工作效率。大多數的人在一天內特定的一段時間裏，能夠盡全力工

作，或者是在清晨，或者在午餐前，或者在大多數員工已經離開辦公室，沒有噪音和不會分神情況下的黃昏。

　　一旦找出了你能全力工作的那段時間，不要將之作為秘密，要虔誠地來捍衛這段時間。可以關上你的房門，在門上貼上有你親筆簽名的紙條謝絕來訪者，並將打來的電話轉給別人。應該把最具挑戰性的工作留給這段時間，並讓每個人都知道這段時間是完全屬於你個人的。

　　有關研究表明，人們在一週之內從事不同工作，其效率會有很大不同。一週的前半部，人們的精力旺盛，態度和行為比較激進，到了一週末尾，人的精力會開始下降，卻也更易通融。有關研究人員按照主導性、順從性、親和性和爭吵性幾個行為傾向，對人一週的行為規律進行了研究。將這四方面屬性的起伏組合起來看，研究人員得出一些十分有趣的結論：

- 雙休日之後的星期一，人體的生物鐘往往還沒有調整過來，沒有在二十四小時結束後自動歸零，而不知不覺地延續到「第二十五小時」。所以星期一不是埋頭做事的好時候，這時候最好分派任務，做好規劃，設定目標。
- 星期二工作效率最高，產出最大。星期二上午十點到中午這段時間，人頭腦最清醒，這時很適合安排一些難度大的工作來做。對管理者來說，可利用此時間，安排下屬一週內最有挑戰性的任務。
- 星期三是一週的轉折，此時人體的精力還是很好，且思路活躍，最有創造性。這一天是制訂戰略、開展「頭腦風暴」的最佳時間，也是決策技能最能得到發揮的時候。
- 星期四，基本上是人們的雄心和精力均已下降的時段，卻

又對即將到來的週末充滿希望。這時候人也變得比較通融，這時候去找客戶，客戶向你妥協也最有可能。

・星期五的時候人們最容易冒險。這一天人們喜歡進行高風險的投資。另外到了星期五，人們總希望一週事一週清，一些一週內糾纏不清的事情，大家都喜歡這個時候來個了斷。

 工作心得

時間不僅是量也是質。時間是金錢，被誤用的時間就是偽幣，乃至假鈔。掌握了時間應用的規律，可以大大提高時間的利用率。

時間管理的技巧與方法

時間管理其實就是做決策。曾任惠普公司總裁的普拉特，把自己的時間劃分得清清楚楚，他花百分之二十的時間和客戶溝通，百分之三十五的時間用在會議上，百分之十的時間用在電話上，百分之五的時間用在看公司的檔案上，剩下的時間用在和公司沒有直接或間接關係，但卻有利於公司的活動上。例如接待記者採訪，預備商界共同開發的技術專案，或者總統召集他們參加有關貿易協商的諮詢委員會。當然，他每天還要留下一些空檔的時間，來處理一些突發事件。

　　管理大師都對時間管理高度重視。彼德 · 杜拉克就曾說：「時間是最高貴而有限的資源。」

　　如何管理好我們的時間呢？下面是一些時間管理的技巧和方法：

- 有計劃地使用時間。不會計畫時間的人，等於計畫失敗。
- 目標明確。目標要具體、具有可實現性。
- 將要做的事情，根據優先程度分先後順序，百分之八十的事情，只需要百分之二十的努力，而百分之二十的事情是值得做的，應當享有優先權。因此要善於區分這百分之二十的有價值的事情，然後根據價值大小，分配時間。
- 將一天從早到晚要做的事情進行排序。
- 每件事都有具體的時間結束點，例如控制好通電話的時間與聊天的時間。
- 遵循你的生物鐘。你辦事效率最佳的時間是什麼時候？將優先辦的事情，放在最佳的時間裏。
- 做好的事情，要比把事情做好更重要，做好的事情是有效果，把事情做好僅僅是有效率。首先考慮效果，然後再考慮效率。
- 區分緊急事務與重要事務。緊急事往往是短期性的，重要事往往是長期性的。必須學會如何讓重要的事情變得很緊急，是高效的開始。
- 每分每秒做最高生產力的事。將所列的事情中，沒有任何意義的事情刪除掉。
- 不要想成為完美主義者，不要追求完美，而要追求辦事效果。

‧如果一件事情你不想做，可以將這件事情細分為很小的部份，只做其中一個小的部份就可以了，或者對其中最主要的部份，最多花費十五分鐘時間去做。

‧一旦確定了哪些事情是重要的，對那些不重要的事情就應當說「不」。

時間管理的正確意義，是如何面對時間的流動而進行自我管理，其所持的態度是將過去作為現在改善的參考，把未來作為現在努力的方向，而好好地把握現在，運用正確的方法做正確的事。

工作心得

時間是一種重要的資源，但卻無法開拓、積存與取代。人一天的時間都是相同的，但是每個人對於時間的運用卻是不同的。時間管理是一門學問，也是一門技術。掌握了時間管理方法，才能提高時間的利用率，進而才能提高工作效率。

優化工作，提高效率

如果你經常關注提高效率的方法，就一定知道計畫的重要性，同樣，也肯定知道計畫中，總是遇到各種偶然的、突發的、緊急的事情。對於這些偶然的突發事件和計畫主線，究竟哪個優先呢？只有做到優化處理臨時工作，才能提高工作效率。

什麼是優化處理呢？其實它的內容很簡單，主要包括兩個方面：

❶ 計畫趕早不趕晚

那些被稱為「偶然、突發、緊急」的事情，在臨近午飯或者臨近下班的時候出現是最麻煩的。所以把計畫裏的最重要的工作，留在自己一天中精力最旺盛、思路最清晰的時間段去做，這樣不但可以提高工作效率，而且還會讓你節省珍貴的時間。

❷ 兩分鐘法則

事情不等人，就算我們按照第一條做了，也一定會有麻煩事在計畫執行中冒出來，這時候就參考一下兩分鐘法則。

所謂「兩分鐘法則」，就是首先衡量臨時工作所需的時間，如果預計能夠在兩分鐘之內完成，就中斷計畫去完成它，反之，把它推遲到計畫執行完畢之後再去做。

那麼怎樣才能夠做到節省時間、有效地提高效率呢？

- 制訂時間管理計畫，計畫每月、每週、每日的行程表。設定每項活動的完成期限或跟進日期；制訂應急措施，幫助應付意外情況。
- 養成快速的節奏感，這不僅可以提高效率、節約時間，也能給人以良好的作風印象。
- 學會授權。把一些工作分給他人去做，等於節約自己的時間。
- 養成整潔、有條理的習慣。據統計，一般公司職員，每年要把六週時間浪費在尋找亂堆、亂放的東西上面。保持桌面整潔，桌面上只放當天要用的檔案和物品，其他所有檔

案、物品按固定位置存放，要用時才拿出來。建立良好的
文書檔案系統，方便存檔及查閱。

· 專心致志，有始有終，不要讓突然而來的想法、主意，影
響手頭上的工作，應把它記錄下來，在方便的時候再考
慮。盡量完成一項工作再開始另一項工作，切忌有頭無
尾。

· 簡化工作流程。例如消除不必要的任務或步驟，合併某些
任務或步驟，同步進行兩項或更多的任務或步驟，將任務
或步驟進一步細分，重新安排工作流程，使用更有效的工
作方法。

· 所有檔案、資料只經手一次便處理好，切忌閱讀後不做處
理，留待下次再閱讀、再處理的重複工作。保證工作的品
質，避免重複帶來的浪費。

· 克服拖延的壞習慣，現在就做。

· 制訂每日的工作時間表，每天都將目標、結果日清日新。

· 把零散的時間運用起來。滴水成河，用「分鐘」來計算時
間的人，比用「小時」來計算的時間的人，時間多了五十
九倍。零散的時間可用來從事零碎的工作。例如坐車、等
人時，就可以學習、思考、閱讀、更新工作日程、簡短地
計畫下一個行動等。沒有利用不了的時間，只有自己不利
用的時間。

· 正確利用節省時間的工具，電話、電子郵件、傳真、語音
系統、電腦等。使用電話時應開門見山，長話短說；打電
話前應先列出講話要點，以免遺漏。需要向一個以上的人
傳遞資訊時，應採用電子郵件，以避免重複浪費時間。

- 養成高效的閱讀習慣，例如要有目的地閱讀；快速略讀和重點詳讀相結合；歸納要點，在書上標註或記筆記；切忌逐字閱讀；簡化辦公室的傳閱資料。
- 要有高質高效的睡眠，例如培養隨時隨地入睡的能力；注重睡眠品質，不要只注重時間長短；利用白天瞬間睡眠，保持旺盛精力；進行心理訓練，可以進行自我暗示。
- 通過學習提高自身的技能，是提高效率的捷徑，可以長期自學，定期參加各種研討會；多方面搜集與專業有關的資訊，更新自己的知識結構；養成終生學習的習慣。

工作心得

　　時間管理是一種習慣，也是一種心態。凡成功人士都有幾個共同的特性，即明確的目標、積極的態度、自我激勵、良好的時間管理。做好時間管理，就是節省時間，在最短的時間內，把事情做對，這就是在提高工作效率。

提高工作效率從珍惜時間開始

　　兩千年前，大哲人孔子立於河邊，面對奔流不息的河水，想起逝去的時間與事物，發出了一句千古流傳的感歎：「逝者如斯夫，不舍晝夜。」時間是最平凡的，也是最珍貴的，金錢買不到它，地位留不住它。每個人的生命是有限的，它一分一秒，稍縱

即逝。時間是寶貴的，雖然它限制了人們的生命，但人們在有限的時間裏，是可以充分地利用它的。一位名人說：「時間，每天得到的都是二十四小時，可是一天的時間，給勤勞的人帶來智慧與力量，給懶散的人只能留下一片悔恨。」這句話寫出了成功的人珍惜每分每秒，成就輝煌；而失敗的人，正因為抱著「做一天和尚敲一天鐘」的思想得過且過，消磨時間，在他們眼裏時間是漫長和無謂的，而當他們回過頭之後，才發現時間如流水，一去不復返，自己除了獲得失敗的經驗外一無所有。

一位富翁買了一幢豪華的別墅。從他住進去的那天起，每天下班回來，他總看見有個人從他的花園裏扛走一隻箱子，裝上卡車後拉走。

富翁來不及叫喊，那人就走了，這一天他決定開車去追。那輛卡車走得很慢，最後停在城郊的峽谷旁，陌生人把箱子卸下來扔進了山谷。富豪下車後，發現山谷裏已經堆滿了箱子，規格、式樣都差不多。

他走過去問：「剛才我看見你從我家扛走一隻箱子，箱子裏裝的是什麼？這一堆箱子又是幹什麼用的？」

那人打量了他一番，微微一笑說：「你家還有許多箱子要運走，你不知道？這些箱子都是你虛度的日子。」

富翁：「什麼日子？」

陌生人：「你虛度的日子。」

富翁：「我虛度的日子。」

陌生人：「對。你白白浪費掉的時光、虛度的年華。你過來瞧，它們個個完美無缺，根本沒有用，不過現在……」

富翁走過來，打開了一個又一個箱子，他感到心口絞疼起

來。陌生人像審判官一樣，一動不動地站在一旁。

富翁痛苦地說：「先生，請你讓我取回這些箱子，我求求您。我有錢，您要多少都行。」

陌生人做了個根本不可能的手勢，意思是說：「太遲了，已經無法挽回。」說罷，那人和箱子一起消失了。

時間是不等人的，想擠出時間很不容易，但失去時間卻是很容易。一分鐘並不長，但一分鐘裏可以做許多事情：一分鐘，鐳射可以走一千八百萬公里，等於繞地球四十五圈；一分鐘，最快的電腦可以運算九十億次，等於六十個人不停地計算一年；一分鐘，最快的戰鬥機能飛行五十公里；一分鐘，大炮能發射八十發炮彈。

要珍惜時間，就必須抓住每一分、每一秒，不讓每天空度過。昨天的過去了，明天的不能等，關鍵是時時刻刻把握住今天。等待明天而放棄今天的人，就等於失去了明天，結果將是一事無成。正如《明日歌》裏所說的：「明日復明日，明日何其多！我生待明日，萬事成蹉跎。」

一天，愛迪生在實驗室裏工作，他遞給助手一個沒上燈口的空玻璃燈泡說：「你量量燈泡的容量。」說完他又繼續低頭工作了。過了好半天，愛迪生問：「容量多少？」他沒聽見回答，轉頭看見助手拿著軟尺在測量燈泡的周長、斜度，並拿了測得的數字伏在桌上計算。他說：「時間，時間，怎麼費那麼多的時間呢？」愛迪生走過來，拿起那個空燈泡，向裏面斟滿了水，交給助手，說：「把裏面的水倒在量杯裏，馬上告訴我它的容量。」助手立刻讀出了數字。愛迪生說：「這是多麼容易的測量方法啊，它又準確，又節省時間，你怎麼想不到呢？還去算，那豈不

是白白地浪費時間嗎？」

時間有限，我們應該學會珍惜。凡在職場中的佼佼者，都是視時間為生命的，他們不浪費一分一秒，因為他們懂得時間的價值。在工作中，要想提高工作效率，就要從珍惜時間開始。

工作心得

人們常說「時間是金子」，可金子是可以買到的，但時間卻是買不到的。浪費時間的人是可恥的，是對生命的一種褻瀆。我們要知道，時間是被用的而不是被浪費的。珍惜時間的人，時間才會珍惜他們。

保證工作時間不被打擾

當你確保自己不被打擾的時候，你的工作效率就會高很多。當你坐下來要去完成一項特別認真的工作的時候，不要做其他任何事情，專心致志投入到這段時間裏。一個不少於九十分鐘的時間段，對於完成一項單獨的工作是十分理想的。

通常人們專注於一項工作，而忘了時間的時候，大約需要十五分鐘才能進入狀態。當被打擾之後，又要花費十五分鐘才能重新進入狀態，一旦你進入了狀態，就一定要保持住。這種狀態讓你全神貫注於大量的工作，以及與工作相關的以往的經驗之中，當處於這種狀態的時候，就不要想過去和將來的事情，而應把精

力都投入到工作中。

　　大文豪魯迅的成功，有一個重要的秘訣，就是珍惜時間。魯迅十二歲在紹興城讀私塾的時候，父親正患著重病，兩個弟弟年紀尚幼，魯迅不僅要經常上當鋪、跑藥店，還得幫助母親做家務。為了不影響學業，他必須要做好精確的時間安排。

　　此後，魯迅幾乎每天都在擠時間。他說過：「時間，就像海綿裏的水，只要你擠，總是有的。」魯迅讀書的興趣十分廣泛，又喜歡寫作，他對於民間藝術，特別是傳說、繪畫都非常愛好。正因為他廣泛涉獵，多方面學習，所以時間對他來說，實在非常重要。他一生多病，工作條件和生活環境都不好，但他每天都要工作到深夜才肯甘休。

　　魯迅最討厭那些「成天東家跑跑，西家坐坐，說長道短」的人，在他忙於工作的時候，如果有人來找他聊天或開扯，即使是很要好的朋友，他也會毫不客氣地對人家說：「唉，你又來了，就沒有別的事好做嗎？」

　　我們有時需要和周圍人商量一下，來保證大部份時間不被打擾。如果必要的話，提前通知他們在特定的時間裏不要打擾你。決定好了要做什麼，就不要做其他事情。如果偶然被別人打擾，確定他們最重要的事情是什麼，以便安排接下來該如何處理。

　　需要休息的時候，就要休息一下。假如你覺得自己需要恢復一下體力，那就不要邊工作邊休息。收郵件、上網都不是休息。當你休息的時候，可以閉眼，做深呼吸，聽一些輕鬆的音樂，或者出去走走，或者小睡二十分鐘，或者吃點水果。一直休息到你覺得又可以工作為止。需要休息就休息，該工作就工作，要的是百分之百的集中精神。想休息多久就休息多久是沒錯的，只是別

讓休息時間佔用了工作時間。

平時學習利用一些簡單的暗示，多少也可以省下一點時間。好好應用一些有效的計畫來捍衛時間，不但可減輕你的壓力，還可以加強你的社交技巧與彬彬有禮的形象。以下就是一些有效的方式：

❶ 時間限制暗示

這個資訊應該在交談一開始就傳遞出來。例如有些成功人士控制時間的方式，是在會談一開始就說：「我現在先告訴你，我需要在四點鐘的時候打一個很重要的電話。」但重點是要一開始就宣佈，而不是在三點五十五分時才說。

這種時間限制暗示有三種目的：

- 告訴對方他們對你很重要，你非常想花點時間跟他們在一起，聽聽他們有什麼話要說。
- 提供給對方一個界限，他們可以事先知道你給他們多少時間。
- 迫使對方切入主題，而不要把時間浪費在不相關的細節上。有時候如果無法在規定的時間內很好地討論一個話題，那麼可以另外約定一個時間。

❷ 肢體暗示

你可以開始收文件，好像正準備離開辦公室一樣；還可以在椅子上將身體往前傾，或將檔案放在一起，就像你要離開一樣。最明顯的肢體語言就是站起來。

❸ 停頓與沉默

持續拉長兩次回答之間的沉默時間。

❹ 加速暗示

特別是在通電話時，有些人會說：「我知道你正在忙，但是我有一個簡單的問題。」說對方很忙，是一種說「我很忙」的禮貌方式，目的是使交談的速度加快。

❺ 串通好的干擾

有些主管會請他的助理，在一定時間之後進來打擾，助理會輕聲地說下一個約會時間已經到了，或是提醒主管必須馬上去參加下一個會議。

❻ 找東西

有的成功人士會全神貫注地注意對方一段時間，但過了一定的時間之後，他們會開始找桌上或辦公室其他地方的東西，似乎有一點分心，甚至有一點過意不去。訪客得到了這樣不太模糊的資訊，瞭解他們即將受到注意程度是多少後，就會結束談話。

❼ 道具

一位很成功的商界女士，在她的皮包裏放了一個計時器，每過十分鐘就會響起來，然後她會說她必須去赴下一個約會或打一個電話；如果她覺得談話需要繼續，她就會關掉計時器。

❽ 結語

有些人不知道如何結束談話，他們會說好幾次再見，而且每一次都說得有點困難。結束談話的方式應該快速而且有禮貌，結束方式可以這樣說：「好了，我會再跟你聯絡，多謝了。」然後你就可以離開。

一個高階主管曾經提起過，他是如何處理別人佔用自己時間

的問題：「有一段時間，我必須與一位電視臺的總經理和一位大學校長共事，他們兩個都經常不能準時，而且會讓別人等很久。但藉著認識他們的執行秘書，我常事先打電話詢問他們的時間表，將等候時間縮短至最少；有時，如果會面時間延遲太久，他們的秘書就會在確實可以見面之前的幾分鐘打電話給我。」

我們可以採取一些積極方法，應付被佔據的時間問題。有一個業務經理說：「我不會讓醫生或牙醫讓我等太久，我會等十五分鐘，然後告訴掛號人員，醫生已經好了嗎？我約的時間是三點鐘，如果他還有別的事，我要重新安排時間，因為我另外有其他的事要做，這時，他們通常都會讓我先進去看醫生。」

一個大學的行政人員說，如果她的同事在他們開會時不停地接電話，而製造太多干擾，她就會寫一張紙條給他：「我看你很忙，請有空時再叫我。」然後起身離開。

工作心得

要管理好你的時間，捍衛好你的時間，把更多的時間用在最需要的地方。時間多了，機會就多；機會的增加，必然會促成目標的早日實現。懂得捍衛你的時間，你才能有效地提高工作效率。

時間管理與工作計畫緊密相連

　　時間管理的目的，是為了減少時間浪費，以便有效地完成既定目標，工作計畫是合理地制訂我們的工作安排。時間管理與工作計畫應緊密相連，這樣才能真正做到提高時間的利用率，從而有效地提高工作效率。

　　提高工作效率，採用工作時間記錄法，不失為一種好的選擇方法。在採用工作時間記錄法分析我們的工作效率時，首先要研究如何花費時間，應該先研究時間究竟耗費在什麼地方，再把所有的時間分配記錄下來以後，看看自己的時間哪裡最多，然後採取相應的措施予以改善。既然現存的生活習慣不會自動輕易改變，則只有採用診斷、分析、改進的方法。採用工作記錄法，需要記錄以下內容：

- ・在每一天的早上或是前一天晚上，把一天要做的事情列一個清單出來。這個清單包括公務和私事兩類內容，把它們記錄在紙上、工作簿或是其他什麼上面。在一天的工作過程中，要經常地進行查閱。

- ・把接下來要完成的工作，也同樣記錄在你的清單上，在完成了開始計畫的工作後，接下來要做的事情，記錄在你的每日清單上面。如果你的清單上的內容已經滿了，或是某項工作可以轉到明天來做，那麼你可以把它算作第二天或第三天的工作計畫。

- ・對當天沒有完成的工作，要進行重新安排。那麼對一天下來哪些沒完成的工作專案，又將做何種處置呢？你可以選

擇將它們順延至第二天，添加到你第二天的工作安排清單中來。但是你不要成為一個辦事拖拉的人，否則每天總會有做不完的事情，每天的任務清單，都會比前一天有所膨脹。

- 製作一個表格，把本月和下月需要優先做的事情記錄下來。再次強調，你所列入這個表格的工作，一定是必須要完成的工作。在每個月開始的時候，將上個月沒有完成而這個月必須完成的工作加入表中。

為了管理好時間，要制訂時間分配計畫，然後按照計畫去做。製作計畫容易，但真正實施計畫是困難的。特別是開始的時候，按照計畫進行工作可能比較困難，最常見的可能是這份計畫製作得不好。但只有按照計畫去做，你才能知道它的優劣。怎樣克服在執行計畫時遇到的困難呢？可以想想按計劃進行會有哪些好處：

- 工作中許多錯誤都是由於考慮不週、粗心大意，或是不注意細節而造成的，按照好的計畫工作，是避免這些錯誤的最好途徑。
- 它能改變你的工作方式，有了計畫就不用浪費時間去考慮下一步要幹什麼，你完全可以把精力集中在所做的事情上，會很少分心，從而提高工作效率。

工作心得

只要我們合理安排時間，做好自己的長遠規劃，善於把精力分配到重要的事物和緊急的事務上，工作效率就會大幅提升。這樣經過一段時間以後，等待你的就會是豐厚的回報。

不要浪費別人的時間

　　有一天，一個大企業家和一個年輕人約定，於次日上午十點到他的辦公室談話。事先，這位年輕人曾經託他謀取一個位置。第二天，企業家本來預備在談話之後，領他去見一位總裁，因為這位總裁辦公室正需要一個職員。遺憾的是，第二天，這個年輕人在十點二十分才到，但企業家已經不在辦公室了，他去出席另一個會議了。

　　幾天以後，年輕人請企業家再次會見。企業家問他為何上次不準時赴約，年輕人回答說：「先生，我那天是在十點二十分到的。」

　　企業家立刻提醒他：「但我是約你十點到的！」

　　「是的，是非分明我知道，」年輕人支吾地回答，「但是二十分鐘的相差，應該沒有什麼大的關係吧！」

　　「不！」企業家嚴肅地說，「能否準時，是大有關係的。就以此事而論，你不能準時，所以就失去了你所想得到的位置；因為就在那天，那位總裁已錄用了一個職員。而且容我告訴你，年輕人，你沒有權利可以這樣看輕我那二十分鐘的時間價值，而讓我在這段時間閒著等候你。在這段時間，我要參加兩個重要的約會呢！」

　　有些人總是喜歡在約會的時候遲到，而且他總是有很多的理由來自我解釋：「對不起！我實在太忙了。」這種解釋真是一點也不合情理，既然忙就不要和他人約定，即使是臨時有事也要事先聯絡。

　　以忙為理由就是不合理。你忙既不是對方的責任，也不是對方要求你要這麼忙，而你卻完全只站在自己的立場說話，只想到自己的方便與否，卻沒有為對方著想。像這樣任意妄為，全然不顧對方的立場，讓對方等待數十分鐘的行為，就等於使對方在無形之間，蒙受了時間上的損失。

　　現代社會也可說是契約社會，約定也是一種契約。身為社會的一員，若不能遵守這種契約精神，如何能夠與人交往呢？

　　然而現實生活中，有些人卻做不到這一點。如參加一個宴會，邀請函明明印了六時入席，一般能在七時開始就不錯了。再者，把汽車送進車廠修理，講好三天後取車，屆時對方可能會說：「這兩天太忙了，明天才開始修理。」

　　類似這種空頭支票，大家早已經見怪不怪，甚至早已經演變成一種風俗文化，太信守承諾的人反而會讓人大吃一驚。

　　然而不能信守約定卻是職場中的一大忌諱。不論這個人多麼有才能，但他總是若無其事地約會遲到，久而久之，大家就都知道他是一個言而無信的人，自己說的話都做不到，拜託他的事就更不能有保證了。

　　斯坦利‧馬庫斯說：「我一定會準時，因為我的時間很重要，別人的時間也很重要。如果我發現有人不打算持有同樣的態度，我就會想辦法另找人打交道。」許多行業中的頂尖人物，也都贊同這種原則：尊敬別人的人，是不會讓別人等他們的。

工作心得

　　不要浪費別人的時間，表現的是你的時間觀念。一個從不浪費別人時間的人，也會珍惜自己的時間，這樣的人，才真正懂得時間是用來做重要的事情的，他們的工作效率必然高。尊重別人的時間，就是在尊重自己的時間。從一個人對時間的態度上，就能夠看到他對工作的態度。高效率地利用時間，是高效率工作的一種表現。

勞逸結合，效率最高

　　為了能夠更好地做事，必須要有高品質的休息。人只有在清醒的狀態下做事，才會是高效率的，否則就算我們花費再多的時間做事，效果也會很差。

　　我們在工作中，常常為了完成事先制訂好的工作計畫而趕進度，在集中注意力工作的同時，卻忽視了休息和放鬆，最後導致自己精力衰退，反而降低了工作效率。一個人只有休息得好，才能精力充沛地投入到工作中。高品質的休息，就是將自己的身體和精神，處在一種鬆弛的狀態，在這樣的過程中，我們的身體機能和精神狀態都能夠得到恢復。想要獲得高品質的休息，就要做到「該做事的時候做事，該休息的時候休息」。

人的注意力通常只能持續約九十分鐘，九十分鐘後，花十分鐘的時間休息，在這個時間段內，給自己充電或是喝杯水，做些輕鬆的事情，或者做你想做的某件事，都是明智之舉。

怎樣才能做到勞逸結合，或者說讓自己感到不累呢？

- 吃早飯很重要。如果你忽略了早飯的話，那你在上午就無法達到最佳的工作狀態。你會因饑餓而一直期盼著午飯時間的到來；而且在中午的時候容易犯睏。為了提高工作效率，要吃點東西是必要的。

- 要擁有充足的陽光。早晨的陽光，能夠喚醒你沉睡過後懶散的身體和大腦。

- 做一些有氧運動。好好地步行一下或者慢跑一會兒，運動能減緩壓力，讓你的血液流動起來，整個人的精神也會煥發起來。

- 除非特殊情況，否則在早晨十點前，不要查看電子郵件或者是接電話。這些事情需要時間和集中注意力，而此時你的工作目標，就會很容易被擱置在一邊或者忽略。如果你能將那些不重要的事情，先放到早上十點或者是十點三十分過後再去處理的話，你就能抓緊時間，即時地完成那些重要的任務。

- 要有積極而非消極的想法。這也許看起來很簡單，但是許多人卻無法做到這一點。不要一直想著事情最糟糕的一面，試著看看事情積極的那一面。

- 每過三十至四十五分鐘，離開你的辦公桌，停止你正在進行的工作，讓你自己的注意力轉移一下。你會發現你回來以後，在工作上有更多好的想法，而且精力也更充沛了。

- 午飯後散個步（或許只有短暫的十分鐘），也會讓你整個中午的精力充沛許多。當別人還坐在那裏消化午餐的時候，你已經恢復充沛的精力了。

- 不要耗費時間閒談。也許閒談是一件很有趣的事情，它可以讓你瞭解一些你的同事或者是上司的趣聞。但是閒談總是一件很消極的事情，這種無聊的事情，會耗費你很多的時間。

- 每天列出五到七個目標，將其中的三項作為你的目標。列出你要做的事情，這是一個好習慣，但是列出太長的單子，卻不是一件很好的事情。

- 對別人的「緊急」請求，不要做出過快的反應。當別人要你幫助他們完成一項任務，或者是他們有一些緊急的需求需要你幫助的時候，你要學會說「你最晚需要在什麼時候完成這些事情」？或者是「你什麼時候需要完成這些事情」？然後再安排當天的行程。

- 不要等到非休息不可的時候才去休息，我們應該學會常常休息，在疲憊到來之前休息。只有這樣才能讓我們的精力一直保持旺盛，能夠讓我們在清醒的狀態下，高效率地做事。

此外，我們應該學會如何閒暇時吃緊，如何忙裏偷閒。在我們閒暇的時候，甚至是無聊得有些發慌的時候，就應該給自己安排一些事情做，把一些不急於讓我們解決的事情拿來思考一下，把一些早就放在案頭，卻沒有時間看的書流覽一番，為的是以後能夠獲得從容。在我們手忙腳亂，甚至是四腳朝天的時候，也能有心情來個忙裏偷閒，哪怕就是坐在公園裏面看看小孩子們玩

要，或是閉目養神的時候，打開娛樂頻道聽聽歌星們的消息，為的就是獲得片刻的閒暇，這樣我們就不會讓自己閒得無聊，或是忙碌得精疲力竭。

工作心得

　　休息絕對不是浪費時間的事情。渾渾噩噩地二十四上小時做事，一定不會比十二個小時全神貫注地做事產生的效果好。想要保持精力充沛，要想提高工作效率，就必須學會勞逸結合。一張一弛，勞逸結合，效率最高。

加強工作的執行力度

所謂執行力度，是指各級組織將戰略付諸實施的能力，反映的是戰略方案和目標的貫徹程度。在日常工作中，我們要敢於突破思維定式和傳統經驗的束縛，不斷尋求新的思路和方法，養成勤於學習、善於思考的良好習慣，最重要的是要行動起來。這樣才能提高工作效率，使執行的力度更大，速度更快。

做事不要拖拖拉拉

有些人總愛把要做的事情往後推，總是相信以後還有很多時間，或者覺得這件事在別的時間做會更容易些；但事實卻不是這樣，事情不即時處理，以後處理會更困難。

對一些人來說，辦事拖拉已經成為一種習慣。他們常說「我可以明天再做」、「我應該休息一下了」、「我做不了」等。讓我們透過拖拉提出的種種藉口，來看看拖拉習慣背後的一些真正原因：

❶ 以後會有充裕的時間

有些人自欺欺人地認為，以後會有充裕的時間。在我們遇到一個大問題時，這種傾向尤為明顯，但在一些小事上，也偶有表現。但遲早我們會面臨這些問題，而且這些工作稍後再做，比一開始就做要困難得多。

❷ 有些事情，現在看來無關緊要

現在看來無關緊要。也許我們意識到它的重要性需要很長時間，或者我們正忙於其他被我們拖延得很緊迫的事情，或者有時我們僅僅是沒有著手去做。有的人這樣拖延，以至於他們所能做的就是像消防隊員一樣，整日四處奔波，首要的任務就把火撲滅，以防死灰復燃。

❸ 有些人沒有壓力就做不成事。

有些人太缺乏自覺性，除非有人在後面督促他們完成一項任務，否則他們就不會開始。當別人緊催他們的時候，他們才會行

動。

❹ 事情令人討厭，難做

有些人之所以拖延，是因為事情似乎令人討厭，難做，或者枯燥乏味。當我們害怕做什麼時，通常很容易找出一個拖延的藉口。不幸的是，我們越怕完不成任務就越膽怯，而情況就會變得更糟糕。

那麼該怎樣克服做事拖拖拉拉的習慣呢？以下幾點建議可供參考：

❶ 承認拖拉是一種無益的生活方式

決定改變，並有勇氣改變，就等於改變了一半。

❷ 把大工作分成許多小工作

把大工作分成許多小工作，是至今發現的最好的克服拖延的方法。細分工作能有效地減輕了工作的壓力，更重要的是你會發現一切都在你的控制之中，這會增強你的自信心。

❸ 直接面對不愉快的工作

當你真正去做那些原本認為很糟糕、很無聊的工作時，或許你還能意外地發現一些樂趣。

❹ 先熱身

在你需要完成一項巨大的任務之前，先熱身做一些準備工作，這樣你會做得更好。

❺ 善用你的心情

將心情調整到有利狀態，再去做你在一般狀態下不願意做的

事。想一想那些心情不好的時候，是不是也可以完成任務的一小部分呢？學會一兩種讓自己快樂起來的方法，會讓你更有效率、更有熱情地去工作，這樣能克服拖延的習慣。

❻ 列出完成某事的好處

列出完成某事的好處，是一種潛意識暗示，能讓你更積極地去做一些可能很難完成的事情；然後再列出因懶惰、拖延，所引起的所有壞處，以警示自己。這種方式有助於產生做事的熱忱，這可以成為衡量是否值得做一件事的標準。

❼ 重視每一天

真正擁抱每一天，認真渡過每一天，就等於在擺脫拖延上，踏出了一大步。

❽ 給自己適度的壓力

有壓力才有動力。適度的壓力能促使我們立刻行動起來，能幫助我們更好地解決問題。

工作心得

做事拖拉是一種壞習慣。一項工作可能用一個小時就能完成，但習慣於拖拉的人，常會在工作面前猶豫：拖延還是做？至少得用一些時間考慮是不是現在就做。這樣就增加了一些額外時間，使得完成工作的時間延長了很多，這樣無形中就降低了我們的工作效率。所以只有克服做事拖拉的習慣，才能提高我們的工作效率。

克服工作中的拖延習慣

拖延會讓我們需要解決的問題越來越多，每天面對日益增加的未處理的工作，卻不知從何下手，結果往往是丟了這件忘了那件，一件不成又半途而廢，費時費力，結果問題是越來越多，更談不上什麼提高工作效率了。

拖延還會讓我們的前途黯淡，與晉升無緣。因為一個上司絕不會一再容忍部屬辦事拖拉，不講求時效，做不出什麼業績來。上司需要的是強有力的輔助者，而不是優柔寡斷的跟隨者。

我們應該記住「凡事拒絕拖延，現在開始行動」這句話。如果有一件事情終究得你去做的話，就不要有「我要做它嗎」、「明天再做吧」、「等看看再說吧」的想法，事情能夠提前處理的，就不要等到終結的時間前還未做完。

怎樣才能夠克服工作中的拖延習慣呢？以下建議供你參考：

❶ 自我審視

仔細審查一下你的拖延習慣。你每個月是否推後相同的事情（例如推遲處理客人投訴，甚至是在你有錢償付的時候），或者你無論多小的事情都要拖延？找出你拖延的規律，並努力打破這個規律。

❷ 克服恐懼

一些人拖延工作，實際上是害怕手頭的工作。這個工作，需要他們從舒適的環境中走出來，一提到這一點，他們就動彈不得。有時人會擔心接聽電話的顧客，可能不願聽到他們要說的話

或將會回絕他們時，就會拖延打這個電話的時間。

要消除恐懼，就要明確你的優點和技能，回憶以前做成功的事情，並將它們寫下來；明確並承認自己的弱點，將其轉化為優勢；對你成功的意義作合理的評判，並專注於你自己的，而不是別人的需要和期望。

❸ 不要過於追求完美

完美主義是拖延工作的常見原因。完美主義者不願意著手工作，因為他們擔心他們可能無法達到自己的高標準。一個完美主義者將變得固執於細節，力圖掌握住工作中的方方面面，而忽略了工作的推進，直到最後一分鐘來臨——如果工作沒有做，他就不用面對不完美的可能了。

如果你真的是這樣，那就要改變你的標準和價值觀了，要制訂切合實際的目標。失誤是絕佳的老師，錯誤是一座寶藏。當你發現你的弱點中，常常隱藏著優勢的時候，你便開始接受你自己了。一旦你接受了自己，就會發現你總是在試圖做得最好，而他人的期望已變得不那麼重要了。

❹ 不要在危機下突擊

如果你多年來，都因在最後限期的壓力下工作而感到刺激（或有所回報），你可能是個喜歡製造危機的人。危機製造者完全相信，只有在最後一分鐘他們才會被激發起來。危機製造者常常讓別人急得發瘋，他們常常製造出危機，並試圖在最後一分鐘解決，想讓自己看起來在壓力下表現良好。

如果你是個喜歡製造危機的人，那就應該努力平衡你的生活。學習如何在工作之外，建立一種有價值的生活，而不是在工作中尋

求需求的滿足；學會提高你的效率和工作品質，同時戒掉工作中突擊的習慣。這會讓你的生活從從容容，而不總是危機四伏。

❺ 少允諾，多完成

貪多的人最難意識到他們想要做的太多，因為每件事對他們都是重要的，授權、拒絕以及設定優先次序，並不是他們的強項。

如果你是一個貪多的人，那麼首先要明確在限定時間內完成任務，什麼是必須要做的，什麼不是必須要做的，對任務做通盤考慮，然後完成它。應該明確要完成的目標以及完成時間，並將這些目標分成小目標（例如一次集中完成報告的一部分），最重要的是要少允諾，多完成。

❻ 制訂計劃

既然現在知道了自己拖延工作的原因，那就制訂計劃去減少和控制拖延。可以從安排你的每個具體任務開始，將完成這個專案所需要做的任務列出來，排好輕重次序。完成一個任務就做一個標記，並獎勵一下自己。

❼ 不必後悔或優柔寡斷

當要開始你的任務而又忍不住要拖延時，不妨靜坐幾分鐘，想想你即刻要做的事情，設想一下拖延工作和按計劃工作，所帶來的情緒和身體上的不同後果。當你做過這一番思量後，只管做你認為最好的，不必後悔或優柔寡斷。

❽ 建立行動檔案

可以每日記下你的成就，並以此給自己嘉獎，也可以原諒自

己的退步，並做好與拖延習慣鬥爭的下一個計畫。在記事簿中，明確自己的藉口，與自己辯論一番，然後根據工作給自己重新定位，找出消極的態度，並寫下積極的可激勵自己的態度。如果你非常煩惱，不妨在記事簿中寫下你所有的沮喪。如果你犯了個錯誤，寫下從中學到的有趣和有益的東西。

 工作心得

　　只有「現在」，才是通向成功的唯一可把握的東西，而「明天、下週、以後什麼時候再說吧、等我有時間時」等，這些話往往是失敗的同義語。每個人都有推後任務或工作的衝動，每個人都會在不同程度上拖延工作。拖延是提高工作效率的大敵，我們唯有克服它，才能為我們高效率地開展工作解除障礙。

正確的決策有利於提高效率

　　所謂決策，就是決定做事情、做工作的策略和辦法。古人云：「凡事預則立，不預則廢。」決策具有基礎性、戰略性、引領性作用，關乎工作和事業的全局。正確的決策有利於提高工作效率、完成任務；錯誤的決策則必然導致事與願違，給工作和事業帶來損害。

在需要進行決策的時候，我們需要辨明問題的性質：這是一再發生的經常性問題呢？還是偶然的例外？換言之，某一問題是否為另一項一再發生的問題的原因？或是否確屬特殊事件，需以特殊方法解決？倘若是經常性的老毛病，則應依原理原則來根治；若是偶然發生的例外，則視情況做個別處置。我們要找出解決問題所需的規範，換言之，應找出問題的「邊界條件」。我們應仔細思考確能滿足問題規範的正確途徑，然後再考慮必要的妥協、適應及讓步事項，以期該決策能被接受。決策方案應同時兼顧其確實能執行的方法，注意在執行的過程中，搜集回饋資料，以印證決策的適用性及有效性。

想要做好決策工作，就要掌握一些決策方法。下面的這些方法可供參考：

❶ 經驗判斷法

經驗判斷法屬於定性分析方法。憑決策者經驗、智慧，運用正確的思維方法，對已掌握的情報、資訊和對未來有根據的綜合分析判斷，直接選取某一最佳方案，但這種方法比較容易犯經驗主義的錯誤。

❷ 邏輯推理法

邏輯推理法就是運用事實去證實大前提、小前提的正確性，然後推理得出邏輯結論。這是一種科學的思維方法，決策中常常用到。

❸ 數學分析法

數學分析法是研究和解決決策中，運用數量關係的一種科學方法，主要是運用數學方法，定量化地對決策問題進行分析，以

求得最佳方案。

❹ 實驗與模擬方法

實驗與模擬方法是指決策方案擬訂後，通過小範圍內的實施，以有形的結果來考察方案的實際效果。

❺ 智囊技術

智囊技術就是充分發揮專家、學者的作用，讓他們參與決策，以保證決策的科學性和正確性。一位有效的決策人，碰見了問題，總是先假定該問題為「經常性質」。他總是先假定該問題是一種表面症候，另有其更基本的問題。他要找出真正的問題，不會以消除表面症候為滿足。

工作心得

在工作中，我們要面對很多決策，決策的正確與否，直接決定著事情的成敗。決策時要對當前的形式有正確的認識，要重視實踐的力量，科學地制訂計畫。這樣才有助於決策的成功實施，才有助於工作效率和工作業績的提高。

快速決策，克服延遲

一個人的成功，與他善於抓住有利時機、果斷做出決策息息相關。不管事情大小，果斷出擊總比怨天尤人、猶豫不決更為有

益。果斷決策、不拖延，是成功人士的作風，而猶豫不決、優柔寡斷，則是平庸之輩的共性。

　　一個人持不同的態度做事，就會產生不同的結果。一個人具備了果斷決策的能力，必然會在殘酷而又激烈的競爭中，創造出輝煌的業績。所以只要我們排除猶豫不決的工作態度，果斷採取行動，就能達到我們預期的目的，不斷地走向成功。

　　一九八九年，美國清晰頻道傳播公司擁有十六個電臺，而到了二〇〇九年，該公司擁有一千二百個電臺和三十六家電視臺，收入年均增長率達百分之六十七。公司總裁兼 CEO 馬克一語道破個中緣由：「我們特別重視快速決策。」決策有多快呢？舉個例子，在說服另一家公司把幾百個電臺賣給他們後，不到五天，他們就簽了總金額達二百三十五億美元的合同。馬克說：「一旦行動，我們快得像閃電一樣。」

　　選擇好方向，方向找對了，就是一個成功的開始，而好的開始是成功的一半

　　比爾‧蓋茲在中學時代，就是一個凡事比同齡人先行一步的孩子。老師交待寫一篇千字左右的作文，比爾‧蓋茲卻一口氣寫了十幾篇。

　　他所做的最重要的決策，莫過於退學從商。哈佛大學是無數人夢寐以求的學府，而考上哈佛大學的比爾‧蓋茲，卻在大三時毅然決然地退學了。這不是普通人能夠擁有的決心和勇氣，但也只有擁有這樣的決心和勇氣的人，才可能成為非凡的人物。

　　剛剛二十歲的比爾‧蓋茲，就對電腦十分感興趣，他深信，總有一天電腦會像電視一樣走入千家萬戶。他堅定的信念不但打動了自己，還打動了夥伴，打動了父母。

　　試想一下，假如比爾·蓋茲依然在哈佛深造，學習課本上千篇一律的東西，他還有可能革新電腦界嗎？也許他會成為一名白領，但不可能成為一個改變世界的人物。

　　他曾經說過這樣一句激動人心的話：「人生是一場大火，我們每個人唯一可做的，就是從這場大火中多搶救一點東西出來。」

　　本著這種人生短暫如花火的信念，他即時地做出了讓自己成功的決策。

　　雖然有時錯誤的決策會造成危害，但是「拖而不決，決而不定」所造成的危害可能更大。時間就是市場，先機就是成功，長時間地猶豫不決，只會錯失良機從另一方面講，快速決策過程節省了大量的時間，為有效應對競爭環境的變化，創造了有利的條件。有時候時間上的超前，甚至比萬無一失的正確更有價值。

工作心得

　　在工作中遇到問題時，快速決策是一種明智的選擇，它可以避免拖延，讓你抓住時機，提高工作效率。看準方向，迅速做出決定，是一個成功者必備的能力。

心動不如行動

　　一個人的想法是很重要的，但是想法只有在被執行後才有價

值。一個被付諸行動的普通想法，要比一打被你放著「改天再說」或「等待好時機」的好想法，來得更有價值。如果你有一個覺得真的很不錯的想法，那就應該行動起來，如果你不行動起來，那麼這個想法永遠只是想法。

有一個落魄的年輕人，每隔兩天就要到教堂祈禱，他的禱告詞每次幾乎相同。

第一次到教堂時，他跪在聖殿內，虔誠低語：「上帝啊，請念在我多年敬畏您的份兒上，讓我中一次彩券吧！阿門。」

幾天後，他垂頭喪氣地來到教堂，同樣跪下祈禱：「上帝啊，為何不讓我中彩券？我願意更謙卑地服從您。」

他就這樣，每隔幾天就到教堂來做著同樣的祈禱，如此周而復始。

到了最後一次，他跪著祈禱：「我的上帝，為何您不聽我的禱告呢？讓我中彩券吧，哪怕就一次，我願意終身信奉您。」

這時，聖壇上突發出一陣莊嚴的聲音：「我一直在聽你的禱告，可是最起碼，你也該先去買一張彩券吧！」

行動也許只有百分之五十的成功機會，但要是你不行動，那麼就根本沒有成功的機會。

在職場這個大舞臺上，想成就一番偉業的人多如過江之鯽，而結果往往是如願者不足一二，平庸者十之八九。這裏除了機遇、膽略、資金因素外，更重要的是大多數人一直處於思考、夢想、遲疑狀態，從而習慣性地推延行動。在猶豫中，錯過了良機，這樣一晃，可能就是一生。

一位智商一流、執有大學文憑的才子，決心自己創業。有朋友建議他炒股票，他豪情沖天，但去辦開戶時，他又猶豫道：

「炒股有風險啊！等等看。」又有朋友建議他到夜校兼職講課，他很有興趣，但快到上課了，他又猶豫了：「講一堂課，才幾千塊錢，沒有什麼意思。」

他很有天分，卻一直在猶豫中渡過，兩三年來一直碌碌無為。一天，這位「猶豫先生」到鄉間探親，路過一片蘋果園，望見滿眼都是長得茁壯的蘋果樹，不禁感歎道：「上帝賜予了一塊多麼肥沃的土地啊！」種樹人一聽，對他說：「那你就來看看上帝怎樣在這裏耕耘吧！」

世界上有很多人光說不做，總在猶豫；有不少人只做不說，總在耕耘。成功與收穫，只會光顧那些有了成功的方法，並且付諸行動的人。

有一個人，從確立了他的目標開始，時刻記得行動才是第一位的。這個人是美國海岸警衛隊的一名廚師，空餘時間，他替同事們寫情書，寫了一段時間以後，他覺得自己突然愛上了寫作。他給自己訂立了一個目標：用兩到三年的時間寫一本長篇小說。為了實現這個目標，他立刻行動起來。每天晚上大家都去娛樂了，他卻躲在屋子裏不停地寫作。這樣整整寫了八年以後，他終於第一次在雜誌上發表了自己的作品，可這只是一個小小的豆腐塊而已，稿酬也只不過是一百美元。他沒有灰心，相反地，他卻從中看到了自己的潛能。

從美國海岸警衛隊退休以後，他仍然寫個不停。雖然稿費沒有多少，欠款卻越來越多了，有時候他甚至沒有買一個麵包的錢。儘管如此，他仍然鍥而不捨地寫著。朋友們見他實在太貧窮了，就給他介紹了一份到政府部門工作的差事。可是他卻拒絕了，他說：「我要做一個作家，我必須不停地寫作。」又經過了

幾年的努力，他終於寫出了預想的那本書。為了這本書，他花費了整整十二年的時間，忍受了常人難以承受的艱難困苦。因為不停地寫，他的手指已經變形，他的視力也下降了許多。

然而他成功了。小說出版後立刻引起了巨大轟動，僅在美國就發行了一百六十萬冊精裝本，和三百七十萬冊平裝本。這部小說還被改編成電視連續劇，觀眾超過了一億三千萬人，創電視收視率最高紀錄。這位真正的作家獲得了普立茲獎，收入一下子超過了五百萬美元。

這位作家的名字叫哈里，他的成名作，就是我們今天經常讀到的《根》。哈里說：「取得成功的唯一途徑就是『立刻行動』，努力工作，並且對自己的目標深信不疑。世上並沒有什麼神奇的魔法，可以將你一舉推上成功之巔——你必須有理想和信心，遇到艱難險阻必須設法克服它。」

一旦你堅定了信念，就要在接下來的二十四小時裏趕緊行動起來。這會使你前行的車輪運轉起來，並創造你所需要的必要的動力。只要你行動了，你就會發現，成功也許並沒有你想像的那麼艱難，其實成功很簡單。

工作心得

在職場之中，我們不僅要有思考的能力，更要有積極行動的意識，這樣才能提高工作效率。行動起來，也許不一定會成功，但不行動，永遠不能成功。如果你決定做一件事，那麼就立刻行動起來。如果你只想不做，是不會有所收穫的。要知道，一百次心動不如一次行動。

 即時處理，立即行動

　　有時我們忙得會筋疲力盡，這時你可能忍不住對自己說：「我為什麼要這麼累呢？有些事情不如留到明天再去做好了。」然而這種想法卻是不可取的。我們不妨來談談有關「即時處理」的問題。「即時處理」，就是一旦決定了自己要做的事，不管它是什麼事，立刻就動手去做、去實施。「立刻」這一點是至關重要的。效率專家指出，在同樣的時間內，用同樣的力氣做盡可能多的事情的最佳方法，就是「即時處理」。立即動手，這不僅省去了記憶、記載或從頭再做的功夫，而且解除了把一件事總掛在心上的思想包袱。

　　如果一個美容院或髮廊經理，對一切事務性的工作，都採取即時處理的原則，那麼就省去了對同一件事，再做第二次、第三次的工夫。如果有客人投訴需要答覆，就應該在瞭解完事情經過後，立刻回答顧客，如果拖延幾天再處理，就得再和顧客談一次，也增加了店裏的負面影響，當然也就多費了一番工夫。

　　對於能夠遵循即時處理原則的人，不但做起事來得心應手，而且還能輕鬆愉快、卓有成效地做好工作。因為他們已經養成了一種習慣，即凡是必須做的事就要馬上處理完畢。

　　立即行動的習慣，也就是立即把思想付諸行動的習慣，這對於提高工作效率來說是必不可少的。

　　那麼怎樣培養立即行動的習慣呢？

❶ 不要等到條件都具備了才開始行動

　　如果你想等條件都具備了才開始行動，那很可能你永遠都不

會開始，因為想把條件都具備了是件很難的事。在現實世界中，沒有完美的開始時間。我們必須在問題出現的時候就行動起來，並把它們處理好。

❷ 做一個實做家

我們要注重實踐，不要只是空想。一個沒被付諸行動的想法，在你的腦子裏停留得越久越會變弱，過些天後其細節就會隨之變得模糊起來，幾星期後你就會把它給全忘了。在成為一個實做家的同時，你可以實現更多的想法，並在其過程中產生更多新的想法。

❸ 用行動來克服恐懼、擔心

在演講中，最困難的部分就是等待自己演講的過程，即使是專業的演講者和演員，也會有表演前焦慮、擔心的經歷。但是一旦開始表演，恐懼也就消失了，行動是治療恐懼的最佳方法。萬事開頭難，一旦行動起來，人就會建立起自信，事情也會變得簡單。

❹ 機械地發動你的創造力

人們對創造性工作最大的誤解之一，就是認為只有靈感來了才能工作。如果你想等靈感給你一記耳光，那麼你能工作的時間就會很少。與其等待，不如機械地發動你的創造力。

❺ 先顧眼前

不要煩惱上星期理應做什麼，也不要煩惱明天可能會做什麼，要把注意力集中在你目前可以做的事情上，因為你可以左右的時間只有現在。如果你過多思考過去或將來，那麼你是在浪費

時間和精力，因為過去的事永遠也不會改變，明天或下週的事，可能永遠都不會發生的。

工作心得

　　職場中的成功人士，都有一個共同的優點：辦事言出即行。這種能力有時會取代智力、才能和社交能力，進而決定一個人的收入高低和晉升速度。立即行動表現的是一種主動性，立即行動就能快速地完成任務。懷著立即行動的態度去工作，你的工作效率將是高效的。

速度就是效益

　　傑克・韋爾許說過：「一個龐大的組織要想有競爭力，它必須有速度、有自信。」速度，不是要你以「光速」前進，只是要快些。不妨先慢下來，好好看看你的對手怎樣做事，然後問問自己：「我能不能花一半時間就完成它？」

　　傑克・韋爾許要求他的員工們列舉二十件，每星期工作七十小時才能完成的工作。他說：「我敢打賭，其中至少有五件是『垃圾工作』，可以砍掉。」

　　什麼是「垃圾工作」呢？我們的世界正在經歷的是資料爆炸，而非資訊爆炸。各種數字、要素增加了，但它們大多數是沒有價值的。換句話說，每一個人都得去判斷，那些成堆的報告上

的事實、圖表、資料，對公司的未來，是否真的意味著什麼。資料除了是一種複印過的紙以外，沒有任何意義，所以它無異於「垃圾工作」。為了提高速度，就得砍掉「垃圾工作」。我們需要學會與他人合作，相信集體，而不是一味地強化個人控制與相信資料。

可以說，不能認同速度就不會有動力，就不會有效率。資訊是時效，今天是新聞明天就是雜談；市場是賽跑的，你無我有，你有我優，比的就是誰最快推出到市場；創新就是比別人率先推出與眾不同；海鮮賣得就是早上那一個小時。時間就是生命，速度就是效益。有人說：「這個世界就是大魚吃小魚，快魚吃大魚。」速度決定了成敗的關鍵。

速度不會以人的意志為轉移，不斷修正工作方式與方法，才是真正要做的。因此有時間指手畫腳、誇誇其談，不如趕快行動起來，發現失誤及時修正，或者乾脆放棄，需要的就是這樣的速度。少花時間、少花成本，發現失誤即時更正，這樣就能做到多、快、好、省。

無論什麼工作都會有一個截止時間，沒有截止時間的工作，便不成其為工作，而只能是興趣和愛好。所以當你的上司吩咐你做一項工作的時候，一定會告訴你一個截止的時間：「在什麼時候之前完成。」如果沒有這樣告訴你，那是上司忘記說了，你要自己主動確認。

這裏要奉勸一句：一定要趕在截止日期之前提前完成，哪怕是提前一天也好。與其遵守時日追求完美，不如提前迅速完成，哪怕是「拙速」也沒有關係，這一點是關鍵。因為儘快提交給上司，得到上司的意見更為重要。

如果拖到規定的時間才提交，上司雖然感到不滿意也能過關，或者也許還會親自動手修正一下。但不管怎樣，都只會給上司留下這樣一個印象：「他怎麼才交上來？」如果提前一兩天提交，就會得到上司具體的指示：「這裏和那裏，再改正一下。」然後只要更正一下被指出來的部分就可以了。於是你在上司眼中的印象就會得到好轉：「這人做事很快！」

工作心得

很多人遇事常細思量，工作節奏慢，還拉整個團隊的後腿。要知道任何一個企業，都會有許多不足和不具備的條件，對此我們不能等、不能靠。只有迎頭上去，創造條件，克服存在的問題。這需要速度，需要快速工作的能力。在瞬息萬變的職場中，最珍貴的是速度，想要提高工作效率，就要快速地完成工作。

工作中要勇於創新

有一年，魯班接受了一項建築一座巨大宮殿的任務。這座宮殿需要很多木料，魯班就讓徒弟們上山砍伐樹木。由於當時還沒有鋸子，他的徒弟們只好用斧頭砍伐，但這樣做工作效率非常低。工匠們每天起早貪黑拼命去做，累得筋疲力盡，也砍伐不了

多少樹木，遠遠不能滿足工程的需要，使工程進度一拖再拖。眼看著工程期限越來越近，魯班非常著急。

有一次他上山的時候，無意中抓了一把山上長的一種野草，卻一下子將手劃破了。魯班很奇怪，一根小草為什麼這樣鋒利？於是他摘下了一片葉子來細心觀察，發現葉子兩邊長著許多小細齒，用手輕輕一摸，這些小細齒非常鋒利。他明白了，他的手就是被這些小細齒劃破的。

後來又有一次，魯班又看到一條大蝗蟲在啃吃葉子，兩顆大板牙非常鋒利，一開一合，很快就吃下一大片。這同樣引起了魯班的好奇心，他抓住一隻蝗蟲，仔細觀察蝗蟲牙齒的結構，發現蝗蟲的兩顆大板牙上，同樣排列著許多小細齒，蝗蟲正是靠這些小細齒來咬斷樹葉的。這兩件事給魯班留下了極其深刻的印象，也使他受到很大啟發，陷入了深深的思考。他想，如果把砍伐木頭的工具做成鋸齒狀，不是同樣會很鋒利嗎？砍伐樹木也就容易多了。

於是他就用大毛竹做成一條帶有許多小鋸齒的竹片，然後到小樹上去做試驗，結果果然不錯，幾下子就把樹皮拉破了，再用力拉幾下，小樹幹就劃出一道深溝，魯班非常高興。但是由於竹片比較軟，強度比較差，不能長久使用。竹片不宜作為製作鋸齒的材料，應該尋找一種強度、硬度都比較高的材料來代替它，這時魯班想到了鐵片。於是他立即下山，請鐵匠們幫助製作帶有小鋸齒的鐵片，然後到山上繼續實驗。魯班和徒弟各拉一端，在一棵樹上拉了起來，只見他倆一來一往，不一會兒就把樹鋸斷了，又快又省力。鋸子就這樣發明了。鋸子的發明，大大提高了砍伐樹木的工作效率，使得工程提早完工。

　　鋸子的發明就是創新。創新是一種創造性的實踐活動，它需要我們腳踏實地、埋頭苦幹。在職場內，有創意、敢創新是一種競爭力。擁有創造力常會讓我們創造出不可預知的財富來。職場中擁有創新能力，是提高工作效率、提升業績最有效的途徑。

　　許多人認為創新能力是無法培養的，是與生俱來的，只有極少數人會幸運地擁有這種「神秘的東西」或「異常的天賦」。其實不管我們多有天賦或有多少缺陷，我們都擁有一項天生的才能，那就是只要通過不斷的實踐，都可以在某個領域取得進步。比如失去聽覺和節奏感的人，仍可以學會演奏音樂，他們所需要做的就是練習、練習、再練習；他們不可能成為莫札特，但是仍可以通過學習所必需的技巧，來提高自己這方面的能力。

　　創新能力也是如此，每個人都可以提高這種能力。事實上，對於那些沒有或自認為沒有創新能力的人而言，學習如何開發自己的創造性思維更為重要。就算是喬丹也不得不每天進行籃球訓練，儘管他具備這方面的天賦。所以即使是很有創意的人，也要不斷地開發和提高他們的創新能力。

　　那麼怎樣培養和開發自我的創新能力呢？

❶ 在實踐中開發創新能力

　　通過實踐開發創新能力，這是提高創新能力的基本途徑。創新、能力和品質的內涵，決定了創新能力是在實踐應用中形成的。我們要想提高創新能力，就應該戒掉「只想不動」、「只學不用」的惰性，擺正好心態，努力地將所學用於實踐，在實踐中增長創新能力。

❷ 有意培養創新思維

培養創新思維，就要對多種思維方法進行有意識地訓練。訓練的目的在於按題目要求，使自己敞開思想，無拘無束地從多角度、多方位、多層面進行思考、分析和聯想，去尋找可能的答案，從而開發思維能力。

❸ 注重創新個性品質的鍛鍊

創新個性品質是創新能力的基礎，也是培養創新能力的重點。人們往往很重視開發智力、提高智商，但常常忽視情商的鍛鍊和提高。研究表明：一個人事業的成功，只有百分之二十來自智商，其餘百分之八十來自情商。創新能力也是一樣，它的很大部份來自非智力因素。在創新能力中，僅有創新思維、創新技法、創新技能，而缺乏膽識、活力、冒險精神與團隊精神，是難以開展創新活動的。

一個人具備了創新能力，就能以過人的膽識和勇氣去克服困難，就能創造性地去學習和工作，就能去掌握運用創新思維、創新技法、創新技能，就能提高工作效率和工作業績。

工作心得

創新能力是一項非常重要的工作能力，是不斷超越自己、超越過去取得的成績的必備條件，是提高工作效率的一個基本前提。在工作中，有創新才能有更好的發展。

對待工作要有責任心

工作責任心是我們對待工作的一種整體態度。工作是一個不斷進取、不斷發現問題並解決問題的過程。在這個過程中，不僅需要我們具備積極主動的工作態度、優質高效的工作能力、腳踏實地的工作精神、團結合作的工作理念，更需要我們具備高度的責任心。在工作中，責任心是我們的第一素質。有責任心，才能有不斷進步的動力，才會有勤奮工作的熱情，才會圓滿、快速地完成工作任務。

日常工作的細節中，常常體現著我們的責任心，例如在服務過程中，有沒有按顧客的要求而完成自己的工作？有沒有認真想到如何去滿足顧客的需求？對顧客的查詢，是不是只回應一句「不知道」？在進行產品或服務介紹的時候，是不是表現得沒精打采？顧客提問一句，是否只回答一句？有問題出現的時候，是否推卸責任？在工作上出現失誤，是不是總是抱怨其他人不合作，工作程序不配合？……這些行為態度，正是一個人是否有責任心的表現，而這些表現更會影響企業的信譽、品牌、效益及發展。

工作中的責任心通常體現在三個階段：一是辦事之前，二是辦事之中，三是辦事之後。第一階段，辦事之前要想到後果。第二階段，做事過程中儘量控制事情向好的方向發展，防止壞的結果出現。第三階段，辦事之後出了問題敢於承擔責任。勇於承擔責任和積極承擔責任，不僅是一個人是否有勇氣、是否光明磊落的問題，它同時也會影響著一個企業的形象和未來。

　　一名美國人有一天來到日本東京，她在百貨公司買了一台唱機，準備送給住在東京的婆婆作為見面禮。售貨員彬彬有禮、笑容可掬地特地挑了一台尚未啟封的機子給她。然而回到住處，她拆開包裝試用時，才發現機子沒裝內件，根本無法使用。她非常生氣，準備第二天一早即去百貨公司交涉。

　　第二天一早，一輛汽車來到她的住處，從車上下來的正是那家百貨公司的總經理，和拎著大皮箱的職員。他倆一走進客廳就俯首鞠躬、連連道歉，她搞不清楚百貨公司是如何找到她的。那位職員打開記事簿，講述了大致的經過。

　　原來昨日下午清點商品時，發現將一個空心的樣品機賣給了一位顧客，此事非同小可，總經理馬上召集有關人員商議。當時只有兩條線索可循，即顧客的名字和她留下的一張美國快遞公司的名片。據此，百貨公司展開了一場無異於大海撈針的行動。打了三十二次電話，向東京的各大飯店查詢，沒有結果。於是打電話到美國快遞公司的總部，深夜接到回電，得知顧客在美國父母的電話號碼，接著打電話到美國，得到顧客在東京婆家的電話號碼，終於找到了顧客的落腳地。職員說完，總經理將一台完好的唱機外加唱片一張、蛋糕一盒奉上，並再次表示歉意後離去。

　　人有了責任心才能敬業，自覺把崗位職責、分內之事銘記於心，該做什麼、怎麼去做及早謀劃、未雨綢繆；有了責任心才能盡職，一心撲在工作上，有沒有人看到都一樣，能做到不因事大而難為，不因事小而不為，不因事多而忘為，不因事雜而錯為；有了責任心方能進取，不因循守舊、墨守成規、原地踏步，而是能勇於創新、與時俱進、奮力拼搏。

工作心得

　　工作責任心就是一個人對自己所從事的工作，應負責任的認識、情感和信念，以及遵守規範、承擔責任和履行義務的自覺性。實踐證明，具備強烈責任心的人，才能有踏實肯幹的工作態度，而這種態度是提高工作效率的必備條件。

力求簡單，防止問題複雜化

　　某報紙舉辦了一項高額獎金的有獎徵答活動，徵答的內容為：「一個充氣不足的熱氣球上，載著三位關係世界興亡命運的科學家。第一位是環保專家，他的研究可拯救無數人們，使地球免於因環境污染而面臨滅亡的厄運；第二位是核專家，他有能力防止全球性的核戰爭，使地球免於陷入滅亡的絕境；第三位是糧食專家，他能在不毛之地運用專業知識成功地種植食物，使幾千萬人脫離因饑荒而亡的命運。此刻熱氣球即將墜毀，必須丟出一個人以減輕載重，使其餘的兩人得以存活，請問：該丟下哪一位科學家？」

　　問題推出之後，因為獎金數額龐大，信件如雪片飛來。在這些信中，每個人皆竭盡所能，甚至天馬行空地闡述他們認為必須丟下哪位科學家的宏觀見解。

　　最後結果揭曉，巨額獎金的得主是一個小男孩。他的答案

是：將最胖的那位科學家丟出去。

　　從這個故事當中，我們悟出一個很深刻的道理：事物的本質往往是非常簡單的，只是人們總愛把它們複雜化。

　　簡單就意味著效率，意味著節省時間，就像把幾頁紙的檔案變成一頁紙，把一頁紙變成幾句話一樣，這樣無異於提高了我們的工作效率。

　　如何力求簡單，來使我們的工作效率加倍呢？

❶ 全心投入工作

　　當你工作時，一定要全心投入，不要浪費時間，不要把工作場所當成社交場合。

❷ 工作步調快

　　養成一種緊迫感，一次只專心做一件事，並且用最快的速度完成，之後立刻進入下一件工作。養成這種習慣後，你會驚訝地發現，一天所能完成的工作量，居然是如此的驚人。

❸ 專注於高附加價值的工作

　　工作時數的多寡，不見得與工作成果成正比。精明的上司關心的是你的工作數量及工作品質，工作時數並非重點。

❹ 熟練工作

　　找出最有價值的工作專案後，接著要想辦法，通過不斷學習、應用、練習，熟練所有工作流程與技巧，累積工作經驗。你的工作愈純熟，工作所需的時間就愈短；你的技能愈熟練，生產力就提升得愈快。

⑤ 集中處理

　　一個有技巧的人，會把許多性質相近的工作或是活動，例如收發電子郵件、寫信、填寫工作報表、填寫備忘錄等等，集中在同一個時段來處理，這樣會比一件一件分開在不同時段處理，節省一半以上的時間，同時也能提高效率與效能。

⑥ 簡化工作

　　在日常的工作中，要儘量簡化工作流程。可以將許多分開的工作步驟加以整合，變成單一任務，以減少工作的複雜度。另外，運用授權或是外包的方式，可以避免把時間花費在低價值的工作上。

⑦ 比別人工作時間長一些

　　我們可以早點兒起床，早點兒去上班，避開交通高峰；中午晚一點兒出去用餐，繼續工作，避開排隊用餐的人潮；晚上稍微晚一些下班，直到交通高峰時間已過，再下班回家。如此一天可以比一般人多出兩三個小時的工作時間，而且不會影響正常的生活步調。善用這些多出來的時間，可以提高工作效率，並能使你的生產力加倍。

工作心得

　　很多時候我們會把簡單的工作複雜化，從而阻礙了工作的進程，這時我們要做的是將工作還原簡單。那些效率好、生產力高的人，會不斷找各種方法克服混亂，全心處理重要工作，精簡文書作業，避免浪費時間，並且會妥善管理各項專案。這些方法能夠讓我們靈活工作，又能提高工作效率。

 **在細節上精益求精**

　　有一個剛邁出大學校園的青年，去一個陌生的城市謀職，由於某種原因，未被錄用。此時舉目無親又囊中羞澀的他，無奈中只好一邊撿拾廢品，一邊尋找工作。有一天，在他撿垃圾時，在旁邊站了一陣子的一個中年人給了他一張名片，讓他去名片上的公司應聘。他去了即被錄用，而那個中年人竟然是總經理。後來他問總經理為什麼要錄用他？總經理說：「我發現你在撿拾垃圾時，將不用的又放回了垃圾桶。我想，一個在落魄中依然注重細節的人，一定是個可造之人。」是這個小小的細節改變了他的命運。

　　關注細節很重要，正是一些平常的小事，體現著我們的工作態度，也決定著我們的工作品質是否能夠達到標準。

　　一輛汽車是由無數個零件組成的，只有每一個零部件都達到最佳工作狀態，那汽車才能奔馳絕塵。試想倘若一輛任何性能都十分優良的跑車，只是其輪胎存在一個致命缺陷的話，無論它的引擎是多麼的強勁，最終也會因為輪胎的缺陷，而阻礙其前進的步伐。因為任何一個整體要正常運行，有賴於其中每一個個體、零件的正常運作，而任何一個零件的故障，都會不可避免地制約或者影響整體的運行。

　　細節彰顯魅力，小事不可小看。當我們學習時，學習別人的專業，要注意多多觀察其中的細節；當我們集中精力，想在平凡的崗位上創造更大的價值時，就要心思細膩，從點滴做起，以認真的態度做好工作崗位上的每一件小事，以認真負責的心態對待

每個細節。做事就好比燒開水，九十九攝氏度就是九十九攝氏度，如果不再持續加溫，是永遠不能成為滾燙的開水的。所以我們只有燒好每一個平凡的攝氏度，在細節上精益求精，才能真正達到沸騰的效果。

有一位經濟學家提出了一個「木桶理論」：一隻木桶最大的盛水量，不取決於最長的木板，而取決於最短的那一塊。這是一個十分精闢的結論，它告訴我們這樣一個道理：決定一個人或一個團體的整體能耐，並不完全取決於能力最大的那個元素，反而是更大的那個元素受牽制於最弱的那個元素。因此對於每一個想要成功的人，在發揚自身優點的同時，更應該注意彌補自身的缺陷與不足，更應該注重細節。

關注細節，把工作做細，對個人而言，細節體現的是素質；對部門而言，細節代表著形象；對事業而言，細節決定成敗。細節源於細心、認真和動腦。只要做事謹慎認真，就能在工作中發現細節，找到不足，如果再勤動腦，就能解決我們遇到的任何問題。

工作心得

我們要用心留意我們工作中的每一處細節，用心做事。俗話說：「勿以善小而不為，勿以惡小而為之。」在工作中，我們要把每個細節做到恰到好處，這樣才能有效地提高我們的工作效率，才能高品質地完成工作。

有效授權，有效工作

　　有效授權對主管、員工及公司三方都有利。在主管方面，授權可以讓他們空出較多工作時間，做策略性的思考。在員工方面，授權可以讓他們學習新的技巧和專長，有機會發展能力，在職業生涯中更上層樓。在公司方面，授權可以增進整體團隊的工作績效及士氣。所以授權是一項重要的管理能力。

　　諸葛亮可謂是一代英傑，雖然有著超人的智慧，然而他卻日理萬機，事事躬親，乃至「自校簿書」，終因操勞過度而英年早逝，留給後人諸多感慨。諸葛亮雖然為蜀漢「鞠躬盡瘁，死而後已」，但蜀漢仍最先滅亡。這與諸葛亮的不善授權不無關係。試想，如果諸葛亮將眾多瑣碎之事，合理授權於下屬處理，而只專心致力於軍機大事、治國之方，「運籌帷幄，決勝千里」，又怎麼能勞累而亡呢？

　　從諸葛亮身上，我們可以將阻礙授權的認知因素歸納為：對下屬不信任，害怕削弱自己的職權，害怕失去榮譽，過高估計自己的重要性等。但是問題是集權就能有效解決上述問題嗎？「條條大路通羅馬」，只要問題能夠有效解決，主管大可不必具體處理繁瑣事務，而應授權下屬來全權處理。也許在此過程中，下屬能夠創造出更科學、更出色的解決辦法。很多時候把許可權控制在自己手中，並不能避免失控。事實上，只要保持溝通與協調，採用類似「關鍵會議制度」、「書面彙報制度」、「管理者述職」等手段，失控的可能性其實是很小的。

　　那麼授權具體都有哪些好處呢？

- 通過授權將任務分出去，能使你有更多的時間，來用於處理重要的工作。
- 通過授權可以減少工作瓶頸，避免工作在你身上堆積，可以使許多工作並行展開。
- 授權表明你對下屬有信任感，能極大地激勵下屬，並且下屬完成任務的成就感，也是對下屬的最大激勵。
- 下屬通過完成富有挑戰性的工作，會得到鍛鍊和發展。所以你要將授權當做一個機會，作為下屬自我發展的組成部份。
- 授權也可以看做你向下屬傳達壓力的一個途徑，下屬有適當的壓力，才會高效地工作。

那麼在工作中，授權時要考慮哪些問題呢？

- 從風險角度來考慮。上級分配給你的任務，是由你負責任的。因此授權時要考慮風險，即出問題的可能性有多大，一旦出現問題時，後果有多嚴重，責任有多重。另外，也要對授權所放棄的統領權和監控權的多少進行評估。
- 從工作性質和下屬的特點來考慮。如：常規處理的事務可授權；隨時處理，但不重要的輔助事務，可授權；下屬有專長的工作可授權。
- 不能授權或少授權的情況有：制訂重要的工作流程與規則，處理人事關係，處理工作中的危機。

把權力授予給他人時，具體應該怎麼做呢？下面概括了可以遵循的基本步驟：

❶ 明確任務要求

從一開始就要決定要授什麼權？給誰授權？授予哪些權力？為此你要找出最合適的人，然後考慮他是否有時間和願意接受權力，去完成任務。假如你已物色到了一個能幹並且願意做的下屬，你就有責任為他提供清楚的資訊，告訴他你將授予他哪些權力，你期望達到何種效果、完成任務的時間期限，以及績效標準。除非在具體方法上有特定限制，在授權時，最好只規定應該做些什麼，和你所希望達到的最後結果是什麼就可以了，至於完成任務的手段，則讓下屬自己去決定。

❷ 規定下屬的許可權範圍

任何授權都伴隨著限制條件。授予下屬行使的權力不是無限制的，所授權力只應在限制條件下行使。你應對下屬明確這些限制條件，以使下屬明確無誤地認清自己處理問題的許可權範圍。

❸ 允許下屬參與

完成一項任務需要多大權力？負責該項任務的人最清楚，如果允許下屬參與決定授權的範圍，即為完成一項特定任務該授予多大權力，目標的完成該達到何種標準，這樣有助於增強下屬的工作積極性、工作滿意感，以及對工作負責的精神。

❹ 把授權之事公諸於眾

授權不是發生在真空裏。在授權過程中，不僅你和下屬需要知道具體的授權內容和許可權範圍，所有受到授權影響的其他人，也應該知道給誰授予了什麼權力，以及權力的大小。

❺ 建立回饋機制

應建立回饋機制，以督察下屬完成任務的狀況，做到有問題早發現、早解決，這樣可以保證如期完成任務，並能達到所期望的標準。

工作心得

當你將授權運用自如的時候，你就會被授權下屬所帶來的良好績效而驚訝。因為下屬一旦被授權，就會用一種主角的態度來對待工作，必將自動自發地付出努力提高工作效率，出色地完成工作，而你也會輕鬆起來。

做事要做到位

現在各行各業都在呼喚做事做到位的員工，但仍有很多人只管上班不問貢獻，只管接受指令卻不顧結果。他們得過且過、應付了事，將把事情做得「差不多」，作為自己的最高準則；他們能拖就拖，無法在規定的時間完成任務；他們馬馬虎虎、粗心大意、敷衍搪塞……這些都是做事不到位的具體表現。

「零缺陷」管理之父克勞士比說：「第一次就把工作做好，才會有最好的效益。做任何事情都要以『零缺陷』為做事的原則，要一次就達到工作的要求。」齊格勒說：「如果你能夠盡到自己的本分，盡力完成自己應該做的事情，那麼總有一天，你能

夠隨心所欲從事自己想要做的事情。」反之，如果你從不努力把自己的工作做好，那麼你永遠無法達到成功的巔峰。

每個人都有自己的職位，每個人都有自己的辦事準則。醫生的職責是救死扶傷，軍人的職責是保家衛國，教師的職責是培育人才，工人的職責是生產合格的產品……社會上每個人的位置不同，職責也有所差異，但不同的位置對每個人卻都有一個最起碼的做事要求，那就是做事做到位。做事做到位是每個人的工作準則，只有做事做到位，你才能提高工作的效率，才能獲得更多的發展機會。

工作不到位，常常是工作效果不佳，甚至是發生這樣、那樣問題的一個重要原因，到位是我們做工作不斷追求和實現的目標。從表面看，是對工作之「度」的衡量和評價，實質上，是責任之心的外在表現，反映的是我們的工作能力和水準。

有時在工作中，你可能覺得自己做的和別人做的比起來差不多，以為那樣就足夠了，但你的上司心中有數，你往往會因只差那麼一點點，而失去晉升的機會

很多人之所以做事不到位，原因往往在於自認為完成了百分之九十，任務就完成了，目標就達到了，於是心理上一放鬆，忽略了最後的百分之十。可恰恰是這最後的百分之十，卻是至關重要的。它之所以重要，是因為只有做好最後的百分之十，成果才會顯現出來，少一點兒都不行。

做事並不難，人人都在做，天天都在做，難的是把事情做到位。只做事，而不是做成事，這樣的現象並不少見。不少人看起來一天到晚很忙，似乎有做不完的事，卻忙而無效。只做事而不是做成事，對任何公司的發展都是致命的，而且還會培養出一支

渙散、沒有思考能力和動手能力的團隊。

要想從「做事」到「做成事」，首先要做到的是：任務一旦明確，就必須辦成。不允許以任何藉口和理由來拖延。另外，還要善於變通，用智慧把事情辦成。

生命中的大事皆由小事累積而成，沒有小事的累積，也就成就不了大事。也就是說，把小事做到位，大事自然就做好了。

拼搏於職場當中，我們一定要把「做事做到位」當成一種習慣，當成一種生活態度。這樣我們就會與「勝任」、「優秀」、「成功」同行。

工作心得

如果你能夠盡到自己的本分，盡力完成好自己應該做的工作，有一天你會發現，在工作效率提高的同時，你已經獲得了成功。反之，如果你凡事得過且過，不努力把自己的工作做好，那麼你只能平庸一生。

做一件成一件

一個人的能力和工作態度，是決定事業成敗的要素，能力是基礎，態度是關鍵。所以我們想要提升個人工作效率，一方面是要通過加強學習和實踐鍛鍊，來增強自身素質，而更重要的是要端正自己的工作態度。但很多人初入職場時，就希望明天當上總

經理；剛創業，就期待自己能像李嘉誠一樣成為華人首富。要他
們從基層做起，他們會覺得很丟面子，甚至認為對自己是大材小
用。儘管他們有遠大的理想，但缺乏腳踏實地地做一件成一件的
工作態度，卻使他們與成功失之交臂。

　　腳踏實地地做一件成一件的工作態度，是我們必備的素質，
也是實現加薪升職、成就一番事業的關鍵因素。好高騖遠、貪多
求大，是腳踏實地工作的最大敵人。

　　那麼在工作中，如何做到做一件成一件呢？

❶ 要著眼於「實」

　　雖然每個人崗位可能平凡，分工各有不同，但只要埋頭苦
幹、兢兢業業就能幹出一番事業。好高騖遠、作風飄浮，結果終
究是一事無成。因此我們要發揚嚴謹務實、勤勉刻苦的精神，堅
決克服誇誇其談、評頭論足的毛病。我們要真正靜下心來，從小
事做起，從點滴做起。對待工作，我們要一件一件抓落實，一項
一項抓成效，做一件成一件，積小勝為大勝，要養成腳踏實地、
埋頭苦幹的良好習慣。

❷ 著眼於「嚴」

　　責任心和進取心，是做好一切工作的首要條件。責任心強
弱，決定執行力度的大小；進取心強弱，決定執行效果的好壞。
因此我們必須樹立起強烈的責任意識和進取精神，堅決克服不思
進取、得過且過的心態。我們要把工作標準調整到最高，精神狀
態調整到最佳，把自我要求調整到最嚴，認認真真、盡心盡力、
不折不扣地履行自己的職責。對待工作，我們不要消極應付，敷
衍塞責，推卸責任，要養成認真負責、追求卓越的良好習慣。

❸ 要著眼於「快」

我們要提高執行力，就必須強化時間觀念和效率意識，弘揚「立即行動、馬上就辦」的工作理念，要堅決克服工作懶散、辦事拖拉的惡習。我們要立足一個「早」字，落實一個「快」字，抓緊時機、加快節奏、提高效率。做任何事都要有效地進行時間管理，時刻把握工作進度，做到爭分奪秒，趕前不趕後，養成雷厲風行、乾淨俐落的良好習慣。

❹ 要著眼於「新」

我們要開拓創新，改進工作方法。只有改革，才有活力；只有創新，才有發展。創新和應變能力，已是推進發展的核心要素。因此我們要具備較強的改革精神和創新能力，堅決克服無所用心、生搬硬套的做法，要充分發揮主觀能動性，創造性地開展工作、執行指令。

❺ 要著眼於「學」

豐富的知識和專業技術，永遠是職場上最有用的利器。我們只有花時間針對性地不斷學習和深造，才能不斷地提升自我的實踐能力，面對工作時才會遊刃有餘。

工作心得

在工作中，我們要養成做一件事就成一件事的習慣。不論面對什麼樣的工作，我們都要腳踏實地地去完成，這樣才能有助於提高工作效率，提前完成任務。

分清工作的輕重緩急

在日常工作中，有些人會被手頭繁重的工作所壓垮，有些人則能輕鬆而高效地完成。這其中的關鍵在於能否分清工作的輕重緩急。對工作進行合理的分類，分清工作的輕重緩急，知道先做什麼後做什麼，就能大大提高我們的工作效率。

要有明確的目標

　　從前，有一位父親帶著三個孩子，到沙漠去獵殺駱駝。他們到達了目的地後，父親問老大：「你看到了什麼呢？」老大回答說：「我看到了獵槍、駱駝，還有一望無際的沙漠。」父親搖搖頭說：「不對。」父親以相同的問題問老二，老二回答說：「我看到了爸爸、大哥、弟弟、獵槍、駱駝，還有一望無際的沙漠。」父親又搖搖頭說：「不對。」父親又以相同的問題問老三，老三回答說：「我只看到了駱駝。」父親高興地點點頭說：「答對了！」這個故事告訴我們，一個人若想走上成功之路，首先必須要有明確的目標。

　　目標就是方向，只有方向正確了，思路清晰了，然後通過努力，才能達到目標，進而獲取成功。

　　那麼在職場中，我們如何樹立明確的目標呢？以下的這些建議可供參考：

❶ 用白紙黑字將目標寫下來

　　唯有將目標寫下來，你才能將目標詳細的內容規劃出來。同時，當你把目標寫下來的時候，你就把這個目標具體地呈現在自己面前。這個時候你的潛意識就會突然地覺醒說：「哎，這會兒是來真的了！」你就不能逃避自己對目標的承諾。因為你要追求成功，實在沒有什麼選擇的餘地。你必須將目標寫下來，讓目標明確、具體地呈現在你的面前，百分之百地承諾自己會達到目標。你可以在紙上用肯定的語氣寫下：「我一定要實現……的目標。」不必太多，一句話即可，這是你的總目標，或者說是大的方向。

❷ 設定一個期限

審視你所寫的預期希望達成的時限，也就是你希望何時達到目標。有實現時限的才可能叫目標，沒時限的只能叫夢想。

❸ 列出你要達成這個目標的充分理由

建議你明確地、扼要地、肯定地寫下你實現它們的真正理由，告訴你自己能實現目標的把握，和它們對你的重要性。如果你做事知道如何找出充分的理由，那你就能很容易達成所願，因為追求目標的動機比目標本身，更能激勵我們。

❹ 將大目標切割成若干個小目標

請你針對你的總目標，訂出實現它的每一步驟。別忘了，從你的目標往回訂步驟，並且自問：「我第一步該如何做，才會成功？是什麼妨礙了我，我該如何改變自己呢？」一定要記得你的計畫得包含今天你可以做的，千萬不要好高騖遠。從時間上來說，就是假如你設定了一個一年的目標，你就應該再分別設定十二個單月的目標，兩個半年的目標，四個每季的目標。同時設立一個獎勵自己的辦法，這樣的做法能讓你常保積極心態。

❺ 分析自己

分析你現在的位置，盤點你所擁有的資源，這一點是非常重要的，因為唯有知道自己從何處開始，才能知道下一步應該是如何地走。你要找出自己的長處，分析個人最強和最弱的地方分別是什麼，規劃出你最需要學習的是什麼。大部分的人在設定目標的時候，常會犯下一個重要的錯誤：他們很快地著手於設定自己的目標，但是卻沒有先仔細地檢查一下，他們是不是有一個良好的基礎在支撐著他們。

❻ 找出你過去的成功經驗

接下來請你回顧過去，有哪些你所列的資源運用得很純熟。回顧過去找出你認為最成功的兩、三次經驗，仔細想想是做了什麼特別的事，才造成事業、健康、財務、人際關係方面的成功，請記下這個特別的原因。

❼ 確認你要克服的障礙

成功就是克服障礙，沒有一件成功不是由障礙、阻攔所成就的。在你往自己的目標前進的時候，你所遇見的每一個障礙，都是來幫助你達到你的目標的。所以要先確認你的障礙，將他們列出來。此外，你要對你面前的障礙，設定重要性的優先順序，找出哪一件事影響最大。發覺在通往成功路途中的「大石塊」，要全神貫注地解決它。

❽ 確認你所需要的知識

現在的社會是一個以知識為基礎的社會，不管你設定了什麼目標，你想要完成它，就必定需要更多的知識來達成它。你需要不斷地閱讀、學習，吸收新的資訊來達成你的目標。首先要確認你是需要些什麼知識；其次，為你的知識設定優先順序；另外，要藉助勤學好問來達到你的成功，虛心請教他人是成功的關鍵。

❾ 列出誰是你的客戶

凡是可以協助你達到目標的人，都是你要滿足的客戶。因此從理論上來說，全世界的人都是你的客戶，但是你必須從這全世界的客戶中，列出你目前可以叫出名字，或者是知道名字的客戶。同時由於一個人的時間和精力都是有限的，因此要找出最重

要的客戶優先考慮、優先行動，在他們身上付出更多的努力，你將會達到事半功倍的效果。

❿ 將你的目標視覺化

視覺化，是將你所期待的目標，建立一個清楚的心中影像，並且想像它的結果，印出你的心中影像，由你已經達到目標的樣式來看你自己。在你心中的螢幕上，不斷地放映出這個你認為已經達成的影像，一直等到你覺得自己已經非常清楚地知道這個樣式。要盡你的一切可能建立這個心理影像，而後不停地想到這個影像，不斷地想像你的目標已經被實現的樣式。不斷地重複，一直等到這個影像深深地印在你的潛意識當中。

⓫ 為自己找一些值得效法的模範

從你周圍或從名人當中，找出三、五位在你目標領域中有傑出成就的人，簡單地寫下他們成功的特質和事蹟。在你做完這件事，請你閉上眼睛想一想，彷彿他們每一個人，都會提供你一些能達到目標的建議，記下他們每一位建議的方法，如同他們與你私談一樣，在每句重點下記下他的名字。

最後還需注意的是，要使目標多樣化且有整體意義，還要在行動中對目標的實施，進行定期總結、檢查和更新。

工作心得

一個人若想走上成功之路，首先必須有明確的目標。想要在職場中獲得一番成就，明確的目標是最重要的首要條件。在工作中只有目標明確，並朝著這個方向不斷努力，工作效率才能提高，從而獲得更高的業績。

擬定合理的工作計畫

　　古代孫武曾說：「用兵之道，以計為首。」其實無論是公司還是個人，無論辦什麼事情，事先都應有個打算和安排。有了計畫，工作就有了明確的目標和具體的步驟，才能增強工作的主動性，減少盲目性，使工作有條不紊地進行。同時，計畫本身又是對工作進度和品質的考核標準，對自我有較強的約束和督促作用。所以計畫對工作既有指導作用，又有推動作用，做好工作計畫，是建立正常的工作秩序，提高工作效率的重要手段。

　　那麼制訂一份工作計畫要注意到那些內容呢？

❶ 計畫合理但要具挑戰性

　　制訂工作計畫的原則是目標合理，具有挑戰性，勿好高騖遠。如何避免好高騖遠，設定合理的目標呢？多數人在制訂計劃時不會想到自己的缺點，建議你可以找你的家人、好友，或是較熟的同事與上司，請他們檢視你設定的目標是否太過理想？制訂的計畫有沒有避開，或改善自己過往的缺點？

　　計畫為什麼要具有挑戰性？上司不會希望你只是去設定你原本就可以達到的目標，他會期待你在未來的一年，無論在工作上或學習上都能有所突破，所以雖然要避免好高騖遠，但也得設定自我挑戰的計畫。

❷ 目標數字化，行動具體化

　　有了上述的準備與調整，接下來就進入實際制訂工作計畫的步驟：

- 目標數字化。只有形容詞的空泛目標是沒有意義的，所以要把工作計畫的目標與內容數字化，例如時間化、數量化、金額化。
- 行動具體化。有了數字化的工作目標，還要附帶有效的執行計畫。
- 學習計畫。你應該同時制訂年度的自我學習計畫，公司對員工自我學習，通常是持正面的看法，有些公司甚至規定學習計畫是工作計畫應具備的專案。
- 與主管面對面溝通。完成工作計畫後，一定要面對面地與上司溝通，而不是只用電子郵件把工作計畫傳送給上司。面對面溝通的好處，是你可以透過上司的表情與肢體動作，更清楚地瞭解上司對你各項工作計畫的看法。你也可以藉由面對面的機會，告訴上司你的中長期目標，例如兩年內希望從技術部門調往行銷部門，或是三年內希望擔任主管職等，請上司針對工作計畫與學習計畫，給予建議。

總之，不要把制訂工作計畫，當作是交差了事的例行事項，應該藉這個機會，重新檢視自己的職場生涯計畫。

職場中制訂一份合理的工作計畫，會讓你在繁忙的工作中張弛有度，進而提高效率。那麼怎麼制訂一份合理的工作計畫呢？你需要掌握以下幾項要素：

❶ 工作內容

計畫應規定出在一定時間內所完成的目標、任務，和應達到的要求。任務和要求應該具體明確，有的還要訂出數量、品質和時間要求。

❷ 工作方法

　　要明確何時實現目標和完成任務，就必須制訂出相應的措施和辦法，這是實現計畫的保證。措施和方法，主要指達到既定目標需要採取什麼手段，動員哪些力量與資源，創造什麼條件，排除哪些困難等。總之，要根據客觀條件，統籌安排，將「怎麼做」寫得明確具體，確實可行。特別是針對工作總結中存在的問題，要進行認真的分析，擬定解決問題的方法。

❸ 工作分工

　　工作分工是指執行計畫的工作程序和時間安排。每項任務在完成過程中，都有階段性，而每個階段又有許多環節，它們之間常常是互相交錯的。因此制訂計劃必須胸有全局，妥善安排，哪些先做，哪些後做，應合理安排。而在實施當中，又有輕重緩急之分，哪是重點，哪是一般，也應該明確。在時間安排上，要有總的時限，又要有每個階段的時間要求，以及人力、物力的安排。這樣，使有關單位和人員知道在一定的時間內、一定的條件下，把工作做到什麼程度，以便爭取主動，有條不紊地協調進行。

❹ 工作進度

　　對於工作進度，要明確寫明什麼時間開始做，什麼時間內完成。任何事務都不是一成不變的，我們制訂計畫的目的是為了明確目標和方向，那麼在實際工作中就不能本末倒置，為了做計畫而做計畫，還應該與時俱進，根據事務的發展及時進行調整，才能達到適合的效果。正如一位大師所說：「通過設計，我們就像尋找到了一幅精確的地圖，所有的道路都清晰地標明出來了，那

麼我們所需要做的，就是選擇道路，然後沿著道路前進！」計畫
的重要性也是如此，將計畫與變化有效地結合起來，我們就能既
按照計畫走，又不拘泥於計畫本身，能創造更多的效益。

 工作心得

　　一份合理的工作計畫，是在科學預測的基礎上，對未來一
定時期內的工作做出的合理安排。在工作中，有了合理的計
畫，我們才不會在雜亂無章的工作堆中無所適從，才可以安排
好工作進程，進而提高工作效率。

保持井然有序的工作狀態

　　很多人都有過這樣的感受，就是常常被自己想做的，上司要
求我們做的，以及自己擔負的許多細小的工作，搞得精疲力竭，
甚至有種疲於奔命的感覺。然而一旦抓住了工作重點，就能舉重
若輕，綱舉目張地把事情一一化解，即使面對繁雜的工作，也能
保持忙而不亂、井然有序的工作狀態。

　　我們可以把抓住工作重點，比喻成「點燈理論」。假設我們
有十盞燈需要點亮和管理，如果不會分配管理的話，可能等我們
點著第十盞燈的時候，前面九盞都已經滅了。那麼我們應該怎麼
做呢？我們先要找一盞我們認為需要優先點亮的燈先點著，然後
花足夠的精力把這盞燈管理好，無非就是加足夠的油，看看燈芯

的品質是否良好，然後再看看有沒有資源給加個燈罩來防風。等我們覺得第一盞燈可以不用我們太費心就能保持亮著的時候，我們就要開始考慮去點亮下一盞燈。

當點亮的燈越來越多的時候，我們對已經點亮的燈只做一件事情，就是去看看每盞燈是否有足夠的油，燈芯還能支撐多少時間，這些工作不用佔用太多的時間，我們主要把精力花在新需要點的燈上即可。當然也有例外的時候，比如發現有一盞燈已經出了很大的問題，而且這盞燈的位置也很重要，如果是這樣的話，我們就要優先把這盞燈處理好，然後再去管別的燈。

查理斯·舒瓦普曾會見效率專家艾維·利。會見時，艾維·利說自己的公司能幫助舒瓦普把他的鋼鐵公司管理得更好。舒瓦普說他自己懂得如何管理，但事實上公司不盡如人意。可是他說自己需要的不是更多的知識，而是更多的行動。他說：「應該做什麼，我們自己是清楚的。如果你能告訴我們如何更好地執行計畫，我聽你的，在合理範圍之內價錢由你定。」

艾維·利說可以在十分鐘內給舒瓦普一樣東西，這東西能使他公司的業績提高至少百分之五十。然後他遞給舒瓦普一張空白紙說：「在這張紙上寫下你明天要做的六件最重要的事。」過了一會兒又說：「現在用數字標明每件事情對於你和你的公司的重要性次序。」這花了大約五分鐘。艾維·利接著說：「現在把這張紙放進口袋，明天早上第一件事是把紙條拿出來，做第一項。不要看其他的，只看第一項。著手辦第一件事，直至完成為止。然後用同樣方法對待第二項、第三項……直到你下班為止。如果你只做完第一件事，那不要緊，你總是做著最重要的事情。」艾維·利又說：「每一天都要這樣做。你對這種方法的價值深信不

疑之後，叫你公司的人也這樣做。這個試驗你愛做多久就做多久，然後給我寄支票來，你認為值多少就給我多少。」

幾個星期之後，舒瓦普給艾維・利寄去一張二萬五千美元的支票，還有一封信。信上說從錢的觀點看，那是他一生中最有價值的一課。後來有人說，五年之後這個當年不為人知的小鋼鐵廠，一躍而成為世界上最大的獨立鋼鐵廠，而其中艾維・利提出的方法功不可沒。這個方法最少為查理斯・舒瓦普賺得一億美元。

一位職場成功人士說：「凡是優秀的、值得稱道的東西，每時每刻都處在刀刃上，要不斷努力才能保持刀刃的鋒利。」當我們確定了事情的重要性之後，不等於事情自然會辦得好。我們或許要把它們擺在第一位，這肯定要費很大的勁，但這是我們必須做的事。只要我們做到了這一點，並統籌安排這些事情，定會獲得驚人的回報。

工作心得

在工作中，抓住了工作重心，就能舉重若輕，將繁雜的工作井然有序地一一處理掉。把握好工作重心，不但可以提高工作效率，還可以有效地化解工作壓力。

按工作的輕重緩急來處理工作

在職場上，許多人做工作分不清哪個更重要、哪個更緊急。他們以為每個任務都是一樣的，只要時間被忙忙碌碌地打發掉，就算完成任務了。他們在緊急但不重要的事情，和重要但不緊急的事情之間，經常做出不明智的抉擇。這正如法國哲學家布萊斯‧巴斯卡所說：「把什麼放在第一位，是人們最難懂得的。」對這些人來說，這句話不幸而言中，他們完全不知道怎樣把人生的任務和責任按重要性排列。

職場上的成功人士，都是明白輕重緩急的道理的，他們在處理一年、一個月或一天的事情之前，總是按分清主次的辦法，來安排自己的時間。

一個人對事情的先後順序的處理，會直接影響到工作績效。平庸的人往往把那些容易的事情放在最前面，而優秀的人則把那些最重要的、最能帶來價值的事情放在前面。所以我們經常看到兩個人可能同樣忙碌，但因為對事情排列的順序不同，所以達到的成就也就大不一樣了，這就是因為個人的時間習慣不同而產生的區別。

我們都知道，時間就是效率，時間就是金錢，時間就是生命……世界幾乎每分每秒都在進步，但我們一天還是只有二十四小時。最成功和最不成功的人一樣，一天都只有二十四小時，但區別就在於他們如何利用這所擁有的二十四小時。條件基本相同的兩個人，同時面對相同的工作量，有的焦頭爛額，而有的輕鬆自如，問題出在哪裡呢？出在是否能夠分清工作的輕重緩急。

　　如果我們想在工作中做出成績，就必須分清所做的工作的輕重緩急，若沒有章法，鬍子眉毛一把抓，是絕不會有什麼好的結果的。

　　我們在處理事務時，應當將所有的事務先按優先次序排列好，這樣在處理事務時才能條理清晰，做到未雨綢繆。在處理工作事務中，我們應該集中精力解決重要緊急的事務，對重要不緊急的事務，進行一個長時間的解決計畫，對於緊急不重要的事務，應該努力去做好或者授權給別人做，對於不緊急不重要的事情，授權給別人做或者不予理會。

　　一位教授在課堂上，把一個裝水的罐子放在桌子上，然後又從桌子下面拿出一個大約拳頭大小，正好可以從罐口放進罐子的鵝卵石，當教授把石塊放完後，向學生們問道：「你們說這罐子是不是滿的？」「是！」所有的學生都異口同聲地回答說。「真的嗎？」教授笑著問。然後教授再從桌底下拿出一袋碎石子，把碎石子從罐口倒下去搖一搖，再問他的學生們：「你們說，這罐子現在是不是滿的？」這回學生們不敢答得太快。最後，班上有位學生怯生生地細聲答道：「也許沒有滿。」「很好！」教授說。之後，教授又從桌下拿出一袋沙子，然後把沙子慢慢倒進罐子，倒完後再問班上的學生：「現在你們告訴我，這個罐子是滿的，還是沒滿？」「沒有滿！」大家都很有信心地回答說。「好極了！」最後教授從桌子底下拿出一大瓶水，把水倒在看起來已經被鵝卵石、小碎石、沙子填滿了的罐子。

　　當這些事都做完後，教授正色地問同學們：「我們從上面這些事情上學到了什麼重要的功課？」班上一陣沉默。教授繼續說：「如果你不先將大的鵝卵石放進罐子去，你也許以後永遠沒

機會把它們再放進去了。」

　　一位名人說過：「重要之事絕不可受芝麻綠豆小事的牽絆。」要集中精力於緊急的要務，就要排除次要事務的牽絆。如果不斷地被一些次要事務所干擾，那麼就會阻礙你向目標前進的腳步。

　　成功學大師卡內基曾花二十萬美金買了一個管理方法，即每天上班前或在前一天晚上，依次記下新的一天需要做的最重要的六至八件事，分為重要而又緊急、重要而不緊急、緊急而不重要、不重要也不緊急，並依次努力地去做好，而不拖到第二天。

　　工作有輕重緩急之分，只有分清哪些是最重要的並把它做好，你的工作才會變得井井有條、卓有成效。那些取得卓越成績的人，辦事效率都非常高，這是因為他們能夠利用有限的時間，高效率地完成至關重要的工作。任何工作都有主次之分，如果不分主次地平均辦理，在時間上就是一種浪費。所以在關鍵部位，在主要工作上，我們要集中全部精力，才能將其做到最好。

工作心得

　　不管做什麼事，都要從全局的角度來進行規劃，將事情分出輕重緩急，集中時間先辦大事，堅持「要事第一」的做事原則。把工作分出輕重緩急，條理分明，你才能在工作中遊刃有餘，事半功倍。按照工作的輕重緩急來處理工作，是提高效率的最好方法。

從全局角度進行規劃

　　我們在職場中，不管做什麼都要從全局的角度來進行規劃，將事情分出輕重，堅持「要事第一」的做事原則，久而久之，就會培養起自己的「先做最重要的事」的好習慣。

　　我們應該擁有「做要事不做急事」的好習慣。要事是有利於實現個人目標、有價值的事，比如規劃、技能培訓；急事是必須立即處理的事，比如即使你忙得焦頭爛額，但電話響了，你就不得不放下手邊的工作去接聽。在緊急但不重要的事情，和重要但不緊急的事情之間，或許我們很難做出選擇。對於每個人來說，有精力做事的時間往往是有限的，所以你必須把有限的時間，用在最重要的事情上，也就是把要事放在第一位，而不要迷失在那些看似緊急的、瑣碎的、次要的事情當中。只有這樣，才能高效地利用時間，出色地完成工作任務。

　　如果分不清事務的輕重，就有可能錯過大好的機會。為什麼許多人都在勤勤懇懇地做事，但結果卻不一樣呢？其中一個重要的原因是有的人缺乏洞悉事務輕重的能力，做起事來毫無頭緒。

　　有一個年輕的部門經理，做事不太會權衡輕重。一天，公司的業務員拉來了一筆生意，可這位年輕的部門經理正忙著佈置辦公室的各種擺設。他煞費苦心地想：「電腦應該放在哪裡？垃圾筒放在什麼地方更好？桌子怎麼擺放？」他想先把手頭的事情做完，再按部就班地處理這筆生意。結果由於沒即時處理，這筆生意泡湯了。

　　在計畫工作這方面，多花些時間是值得的。如果沒有計劃，

你肯定不會成為一個工作有效率的人。工作效率的中心問題是你對工作計畫得如何，而不是你工作做得如何努力。

鑽頭為什麼能在短暫的時間裏鑽透厚厚的牆壁，或者是堅硬的岩層？物理學家給我們解釋了其中的道理：同樣的力量集中於一點，單位壓力就大，而集中在一個平面上，單位壓力就會減小無數倍。所以攻其一點的謀略，是解決問題的最好辦法。

事實上，每個人都追求完美，每個人都希望自己把工作做好、把事情做好。可是為什麼有的人做不好呢？並不是因為他的事情多，而是因為他沒有掌握做事的方法。

哈佛商學院可謂如今美國最大、最富有名望、最具權威的管理學院。它每年招收七百五十名兩年制的碩士研究生，三十名四年制的博士研究生，和兩千名各類在職的經理進行學習和培訓。在他們的教學中，經常給學生講述一種很有效的做事方法：八十對二十法則。即任何工作，如果按價值順序排列，那麼總價值的百分之八十，往往來源於百分之二十的工作。簡單地說，如果你把所有必須做的工作，按重要程度分為十項的話，那麼只要把其中最重要的兩項做好，其餘的八項工作，也就自然能比較順利地完成了。所以要把手中的事情處理好，就要拋開那些無足輕重的百分之八十的工作，把自己的時間、精力，全部集中在那最有價值的百分之二十的工作中去，這會給你帶來意想不到的收穫。

在職場中做事的時候，我們應該學會運用這個方法，以重要的事情為主，先解決重要的問題，對於一些旁枝末節，可以大膽地捨棄。要知道，科學地取捨能夠幫助我們把事情做得更好、更有效率。

一位大集團公司的總裁要求秘書給他的公文，必須放在各種

顏色不同的公文夾中。紅色的代表特急，綠色的要立即批閱，橘色的代表這是今天必須注意的公文，黃色的則表示必須在一週內批閱的公文，白色的表示週末時須批閱，黑色的則表示是必須他簽名的公文，這種方法大大提高了辦事效率。

工作心得

　　人的精力是有限的，怎麼才能讓有限的精力發揮出最大的效益呢？這就要遵循「先做最重要的事」的做事原則。我們必須把有限的精力用在最重要的事情上，也就是把要事放在第一位，而不要放在那些瑣碎的與次要的事情當中。只有這樣，我們才能以最高的工作效率完成最重要的工作。

養成有條理的做事習慣

　　一個人要想成就一番大事業，就要養成有條有理的做事習慣。就算只具備普通能力的人，因為具有良好的做事習慣，也能把事情做得十分出色；而即使是有能力的人，如果他辦事時不注意條理和辦法，也很難做成什麼大事。

　　如果掌握了好方法，做起事來就會有條不紊。系統地安排自己的工作，能節省自己的體力和腦力，否則的話，就會無端地消耗自己的精力。在相同的時間，辦事有條理的人比那些沒有任何條理和章法的人，肯定能完成更多的工作，而且他能在工作中感

受到後者感受不到的快樂。

一位企業家曾談起了他遇到的兩種人。

有個性急的人，不管你在什麼時候遇見他，他都是風風火火的樣子。如果要與他談話，他只能拿出數秒鐘的時間，時間稍長一點，他就會伸手把錶看了又看，暗示著他的時間很緊張。他公司的業務做得雖然很大，但是開銷更大。究其原因，主要是他在工作安排上七顛八倒，毫無秩序。他做起事來，也常為雜亂的事情所阻礙。結果他的事務是一團糟，他的辦公桌簡直就是一個垃圾堆。他總是很忙碌，從來沒有時間整理自己的東西，即便有時間，他也不知道怎樣去整理、安放。

另外有一個人，與上述那個人恰恰相反。他從來不顯出忙碌的樣子，做事非常鎮靜，總是很平靜祥和。別人不論有什麼難事和他商談，他總是彬彬有禮。在他的公司裏，所有員工都寂靜無聲地埋頭苦幹，各樣東西安放得也有條不紊，各種事務也安排得恰到好處。他每晚都要整理自己的辦公桌，對於重要的信件立即就回覆，並且把信件整理得井井有條。儘管他經營的規模要大過前述商人，但別人從外表上總看不出他有一絲一毫慌亂。他做起事來樣樣辦理得清清楚楚，他那富有條理、講求秩序的作風，影響到他的全公司。於是他的每一個員工做起事來也都極有秩序，一片生機盎然之象。

這位企業家總結說：「這兩個人的差別在於，前者對於工作沒有條理性，而後者對於工作則具有順暢的條理性。」

那麼如何讓我們的工作更規範、更有條理呢？

❶ 清楚自己的工作內容

我們要清楚自己怎樣才能做好工作，以及除了做好分內工作

外，還有那些可以協助或者自己能力所及的。平時要歸類整理和計畫自己的工作，要清楚自己應該怎麼做。

❷ 建立資料庫，使日後工作更輕鬆

任何優秀的方案離不開積累，要想使自己的工作更輕鬆、更完美，平時的積累最重要。

每天花二、三小時時間（工作或者非工作時間，根據自己工作內容安排），從各方面搜集並保存和自己工作相關的資料（可以是雜誌、網站、日常交流等）。保存形式可以是筆記、複製的檔，或者是一個激發靈感的短片。整理好後歸類入庫。時間一久，你會發現你的存檔是一個寶庫。這也是方便萬一工作中有特殊情況，不能正常運作，有新人接手時，可以根據資料庫第一時間上手，保證工作正常運轉。

❸ 合理安排工作時間

根據自己每週的工作時間，把需要做的工作任務和工作習慣，制訂個工作計畫──什麼時候該做什麼、花多長時間做、剩餘的時間做什麼、未能完成的工作什麼時候做。只有合理安排好工作時間，才能使工作更有條理、更順利。

❹ 尋求提高工作效率的捷徑

要想在職場中成為優秀者，光是埋頭苦幹是沒用的，如何在工作過程中，找到自己的最快捷和有效的辦法是關鍵，這需要個人的經驗積累。每個人的方法不一樣，但這樣做你就會成功，不這樣做你就會落後。

❺ 工作日誌

每天上班前花五分鐘時間,安排好當天的工作內容;下班前五分鐘,整理一下當天的工作進程。

職場中不少才能平平的人,卻比那些才能超群的人會取得更大的成就,人們常常為此感到驚奇。但通過仔細地分析,便不難發現其中的奧秘:他們養成了有條不紊的做事習慣,能更好地利用有限的精力。相反,如果不講究秩序和條理,盲目地做事,不但使人筋疲力盡,也容易使健康受損。所以把事情安排得井井有條,做起事來,會更加容易、方便,能達到事半功倍的效果。

 工作心得

有條理,做起事來就會有條不紊,一步一步都很順暢;合理地安排自己的工作,就能夠節省自己的精力,提高工作效率,這樣必將會讓我們獲得更多的成功機會。

不要以個人喜好做事

只要選擇了一項工作,就應該盡全力去做好這項工作。即使遇到難以忍受的挑剔和指責,也必須調整自己的心態,盡力克服,這是我們應具備的職業品質。

一位在自己的崗位上做出輝煌成績的人,告誡那些對自己的工作頗有微詞的年輕人:「記住,這是你的工作。既然你選擇了

這個職業，選擇了這個崗位，就必須接受它的全部，而不是僅僅享受它給你帶來的益處和快樂。」

俗話說：「做一行，就要愛一行。」積極正面的心態，有助於我們工作效率的提高，而消極封閉的思維方式，只會使工作原地踏步。不同的思維方式會產生不同的工作方法，不同的工作方法必然會產生不同的結果。觀念的力量是巨大的，只要我們擁有積極樂觀的心態，我們永遠不會缺乏向上的動力，我們的工作會永遠充滿明媚的陽光。

有人抱怨工作不是自己喜歡做的，找不到樂趣，覺得工作沒有意思。誠然，擁有興趣你會更容易感到樂趣，你會更自覺地爆發激情。可是如果沒有健康的心態，即使你從事的是自己最喜歡的工作，你依然無法真正地體驗工作中的樂趣，並保持對工作的激情。例如有些人總是以自己的喜好做事，但這樣也會出現諸多問題。

有一對夫妻因為擠牙膏的喜好不同而吵架，妻子很仔細地從管尾往前擠出牙膏，丈夫卻很魯莽地抓起管身從頭上擠牙膏。妻子曾提醒丈夫一定從管尾那樣擠會用得更乾淨些，可丈夫的喜好不改，這一次又按老規矩擠牙膏，妻子看見了有些生氣地嘮叨了幾遍，丈夫煩了，兩人吵了起來，最後兩人決定離婚。就這樣一個完整的家庭因這點小事破碎了，離婚後兩頭的父母都著急，孩子失去了本該有的父母之愛。而對於雙方來說，得到孩子撫養權的則覺得沉重，得不到撫養權的便天天牽掛、想念。而且即便彼此另選擇配偶也未必能幸福，可能不會再在牙膏上出問題了，但可能因自身的其他喜好，在別的方面還會出問題。

也許有人認為這畢竟是少數個案，事實上，只要每個人堅持

以自己的喜好為原則去做事，就必註定不愉快，即使不會發展的那麼嚴重，但也是天天愁眉苦臉。同樣，職場中常以個人喜好做事的人，也是不會有什麼好結果的，因為你的喜好不一定是對的。即便在這一時是對的，但在瞬息萬變的環境中，始終用一種方法來應對所有的困難，也終將會是失敗的。

有些人就是改變不了自己的壞習慣，有些人就是憑著個人的喜好，把最多的時間放在自己喜歡的工作上，而對不喜歡的工作就潦草應對。這些必將造成工作效率的下降，因為事務的方向，不可能會因為你的意志而轉移的，在職場中每個人都在尋找著成功的方法，每個人都在追尋著效率，而只有你不去適時改變，那麼等待你的必將是失敗。

其實不管從事什麼工作，壓力與困難總是存在的，重要的是你的態度，它反映著你對工作的激情和動力。當你看重你的工作時，即使面對缺乏挑戰或毫無樂趣的工作，也會自動自發地做事，同時也會為自己的所作所為承擔責任。那些成就大業之人和凡事得過且過的人之間，最根本的區別在於成功者在工作中發現了興趣。沒有人能促使你成功，也沒有人能阻撓你達成自己的目標，所有這些都操控在你手中。然而在現代職場中，還有許多不熱愛自己工作的人，他們通常是採取一種應付工作的態度，結果成了公司最失敗、最沒有成就的人。

即使你的處境暫時不會令人滿意，也不應該因此而厭惡自己的工作。這種非常糟糕的態度，無助於解決任何問題，反而會使狀況更加惡化。即使環境迫使你不得不做一些你不喜歡的工作，你也該想方設法使之充滿樂趣。用這種積極的心態投入工作，無論做什麼，都能取得良好的效果。用積極的心態對待工作，有助

於克服困難，使人看到希望，保持進取的旺盛鬥志。

工作心得

　　不要把過多的精力放在自己認為好做，或自己喜愛做的事情上，因為那樣往往會將重要的事耽擱，降低工作效率，造成不必要的損失。不以個人的喜好做事，才能更理智地做事。

緊急事件要緊急處理

　　職場中有很多事情往往是我們預料不到的，那些突發的、緊急的事件，常常會光臨到我們的工作中，我們該如何面對這些突發事件呢？我們要在平時的工作中養成多想、多思考的習慣，如果這件事有這樣的情況我該怎麼辦？有那樣的情況我該怎麼辦？只有這樣，你才能在突發事件發生的時候不緊張。但是任何事情都有預料不到的時候，這時，你首先要想這件事是不是自己能處理的，如不能處理，馬上上報上級主管，避免延誤時間，導致更大的錯誤發生。

　　一家俱樂部招攬一批遊客旅遊，由於旅途中出現了問題，造成飛機飛行時間比計畫耽誤了十個小時。凌晨兩點鐘，飛機才在目的地降落，食物和飲料都用完了。當飛機艙門打開時，遊客已經饑腸轆轆、疲憊不堪了，抱怨之聲此起彼落。

　　俱樂部的總經理得知這一糟糕的消息後，馬上帶領部份員工

趕到機場，在那裏擺出一桌子速食和飲料，播放令人感到放鬆的音樂。當遊客走出機艙時，遇到的是同情的目光，聽到的是親切的問候，看到的是熱情幫助他們拿行李的員工。在俱樂部等待他們的是一個非常隆重的宴會，宴會一直持續到天亮。最後，遊客都感到這次經歷難以忘懷，比沒有出現意外準時到達目的地還要好。

出現緊急事件時採取應變措施，不失為是一種好的選擇。例如在得知客戶抱怨時，我們應立即停下手中的工作，積極採取措施消除客戶的不滿，以較小的代價取得較好的效果。否則告訴客戶「這個問題不是我負責」，或者「你應該找某個部門解決」，會加深客戶的不滿，即使後來做出較大的補償，也很難使客戶感到滿意。我們在向客戶提供日常服務而遇到突發事件時，應像那家俱樂部一樣，積極採取應變服務，密切與客戶聯繫，為企業挽回聲譽。

某一廣告公司招聘策劃總監。參加面試的人已排了長長的一隊，有位年輕人排在第三十七位。面對眾多的競爭者，他在考慮對策。過了一會兒，他拿出一張紙，認認真真地寫了一行字，並找到秘書小姐，恭敬地對她說：「小姐，我有一條好建議，請馬上把它交給你的老闆，這非常重要！」秘書小姐盡職地交給了老闆，老闆展開紙條看後微笑了一下。當他與老闆面試交談後，他得到了這份工作。他的紙條上寫著：「先生，我排第三十七位，在你看到我之前，請不要做決定。」這個應聘者成功地展示了自己的獨創精神，從而贏得了那個職位。

應變能力常常在突發的緊急事件中，展現著它的魅力。一個人如果沒有較強的應變能力，較好的自我情緒控制能力，那麼在

面對突發情況往往會手忙腳亂，不知如何處理，面對挫折便會垂頭喪氣，遭受委屈便會怨天尤人，使工作不能很好地開展。

工作心得

　　我們隨時都會遇到不可知的緊急事件。面對緊急事件的時候，我們要學會及時處理，這就要我們必須掌握足夠的應對策略。善於學習、用心工作，是我們掌握更多應變策略的先決條件。對於緊急事件要學會緊急處理，也是有效提高工作效率、完成工作任務的保障。

解決工作中的困難

在日常工作中，我們都會遭遇到各種問題與困難。我們應該想辦法克服困難，解決問題，而不是坐困愁城。其實工作中的困難和問題，都是職場上的試金石，只要能夠積極地去面對它們，並且想辦法去解決它們，我們就會不斷地取得進步。克服工作中的困難，解決工作中出現的問題，就是在提高工作效率。

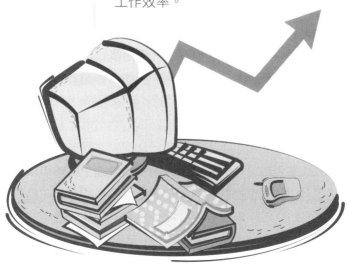

善於經營，擺脫困擾

　　無論什麼事情，我們總有選擇的權利，而且不止一個。「沒有辦法」會使事情畫上句號，「總有辦法」則使事情有突破的可能。「沒有辦法」對我們沒有好處，叫做「有百害而無一利」，應停止想它；「總有辦法」對我們有好處，是有百利而無一害，故應把它留在腦中，時刻記住。遇事先要做的是找解決的辦法，而不是退縮。

　　對有些人而言，至今不成功只是說至今用過的方法，都達不到預想的效果。沒有辦法，或者說缺少辦法，只是說已知的方法都行不通。世界上還有很多我們過去沒有想過，或者是尚未被我們認識的方法。只有相信尚有未知的有效辦法，才會使我們有機會找到它，從而使事情發生改變。

　　在沉浮的職場中，成功快樂的人所擁有的思想和行為能力，都是經過一個過程而培養出來的。在開始的時候，他們與其他人所具備的條件一樣，只是他們在面對困難時，善於尋找解決的方法而已。有能力給自己製造出困擾的人，也有能力為自己消除困擾。其實人類只用了大腦能力的極少部份，增加對大腦的運用，很多新的突破便會出現。增加運用大腦的能力，我們將比以前更容易提升效率。

　　有一對兄弟，哥哥叫大劉，弟弟叫小劉，他們開始了代理藥品的生意，他們初入市場的時候，反商業賄賂抓得很嚴，他們不敢整天再往醫院跑，不敢找醫生套關係，於是銷售一落千丈。

　　望著手裏的藥品大量地積壓在倉庫，每天還要繳房租，支付

員工薪資，形勢一天比一天緊，眼看著天天賠錢，小劉動搖了，他以認賠的價錢，把所有藥品虧本賣給了藥店，並發誓從此不再做藥品生意。

大劉卻不這樣想，他審時度勢經過分析後，認為整天挖空心思想盡辦法用物質刺激籠絡別人，總是站不住腳的，倒不如趁著機會好好認真學習優秀企業先進做法。他想不好的企業只要善於經營，也能夠擺脫困擾，達到收支平衡。

大劉對自己很有信心，知道醫藥產業是個朝陽產業，一定大有作為，於是他變換經營方式，運用學術推廣和活動促銷等創新手段，很快生意便有了起色。半年過後，他已找到了今後的方向和努力的目標，每個月的利潤都很可觀。而小劉呢，這期間總是在尋尋覓覓中尋找新事業，都未成功。

在工作中，真正能做到「帶著解決方案來提問題，辦法總比困難多」工作態度的人很少。與其光說、光分析，不如自主創新，尋找突破點。有創新才有發展，有學習才有進步。

我們要不斷學習、不斷創新，創造性地解決問題，這樣才能有效地提高工作效率。相信問題總有解決的辦法，這才是理想的工作態度。

工作心得

在工作中，我們要始終懷著「任何問題都有解決的辦法」的心態去迎接挑戰。謀事在人，正確分析迎面而來的問題，那麼任何問題都會找到解決的辦法。相信辦法總比困難多，以這種心態去工作，那麼必定會充滿自信，必定會提高工作效率。

學會求得他人幫助

尺有所短，寸有所長。曾有位博士生頗有感慨地對朋友說：「在這個競爭的社會裏，什麼人都不能忽視。」的確，在一個大團體裏，做好一項工作，佔主導地位的，往往不是一個人的能力，關鍵是各成員間的團結協作配合。可以說團結大家就是提升自己，因為別人會心甘情願地教會你很多有用的東西。一個只會為自己工作，平時獨來獨往的人，不會給企業帶來什麼業績。

一個瘸子在馬路上偶然遇見了一個瞎子，只見瞎子正滿懷希望地期待著有人來帶他行走。

「嘿，」瘸子說，「一起走好嗎？我也是一個有困難的人，也不能獨自行走。你看上去身材魁梧，力氣一定很大。你揹著我，這樣我就可以給你指路了：你堅實的腿腳就是我的腿腳；我明亮的眼睛也就成了你的眼睛了。」

於是瘸子將拐杖握在手裏，趴在了瞎子那寬闊的肩膀上。兩人步調一致，獲得了一人不能實現的效果。

你不具備別人所具有的才能，而別人又缺少你所具有的優勢，通過類似的互補，便能彌補相互的缺陷。

據說非洲有一種體積很大的鳥，能像鷹一樣高高地飛翔。可是在無風的天氣，人們卻可以輕易地抓到它，因為它們飛翔時，是要藉助一定的風力的，沒有風的時候它們是飛不起來的。只有憑藉風力，它們才能飛得又高又遠。

可見，很多時候、很多事情是要藉助一定的外力，才能完成和實現的。因為一個人的能力和作用畢竟是有限的，藉助外力會

使事情完成得更好。但是求助也不是件簡單的事情，也是要逐漸去學習的，因為你不能什麼事都去要別人幫助，也不能隨便就去求什麼人。求助也是一門學問，要在合適的時間求助合適的人。至於什麼時候求助什麼人才適合，那就要在實踐中慢慢摸索和總結了。

需要指出的是，求助別人並不是什麼丟人的事，只是一種合作方式，生活在這個大群體中，誰也不是獨立的，都是彼此相連的，所以求助是一件很正常的事。

求助是一門學問，求助有許多好處。在工作中，求助別人的幫助，可以快速、有效地解決問題，進而提高工作效率。求助既能幫助自己解決問題，還能結識一些人，減少與別人的陌生感和距離。彼此求助一些事情，相互增進溝通和交流，互相瞭解更多。陌生人之間的求助會一下子縮短距離，讓人熟悉起來，互相得到幫助甚至是溫暖。所以需要的時候，大膽地求助別人吧，不要害羞，不要顧慮，即使有過被拒絕，但還是得到的多。只要你真摯、大方、坦誠，相信一定會得到你想要的幫助的。

工作心得

一個人的綜合能力，還包括他是否會運用別人的幫助。因為在團隊合作中，既要團結他人、幫助他人，也要懂得求助他人，這樣才能把所有資源綜合利用起來，提高工作效率，以達到工作的最佳效果。

 # 不斷地進行自我反省

曾子說：「吾日三省吾身。」對於我們來說，問題不是一日三省吾身、四省吾身，而是應該時時刻刻警醒、反省自己，唯有如此，才能時刻保持清醒。

一個人之所以能夠不斷地進步，在於他能夠不斷地自我反省。找到自己的缺點或者做得不好的地方，然後不斷改正，以追求完美的態度去做事，才能取得一個又一個的成功。

在工作中，遭遇難題導致工作效率低下，是常有的事。在這種時候，反省能力和自我反省精神，能夠很好地幫助你找到問題的癥結，提高工作效率。

有一位善於反省、善於學習的小夥子，大學畢業後進入一家非常普通的公司工作。公司安排新員工從基層做起。其他新員工都在抱怨：「為什麼讓我們做這些無聊的工作？」「做這種平凡的工作會有什麼希望呢？」這位小夥子卻什麼都沒說，他每天都認認真真地去做每一件主管交辦的工作，而且還幫助其他員工去做一些最基礎、最累的工作。由於他的態度端正，做事情往往更快更好。更難能可貴的是，小夥子是個非常有心的人，他對自己的工作都有一個詳細的記錄，做什麼事情出現問題，他都記錄下來；然後他就很虛心地去請教老員工，由於他的態度和人緣都很好，大家也非常樂於教他。經過一年的磨練，小夥子掌握了基層的全部工作要領，很快他就被提拔為工廠主任，又過了一年，他就成了部門的經理。而與他一起入職的其他員工，卻還在基層抱怨著。

　　不善於反省的人是可悲的，他們常常在迷茫的路途中，忽視掉了正確的前進方向。

　　每個人都會做一些平凡的事情，包括平凡的工作。這時候如果只抱怨他人或環境，就不可能認真去做這件事，也就不可能取得成功。如果一個人願意把自己放在一個平凡的崗位上，以自我為改變的關鍵，不斷反省自己，找到更好的方法，成功就一定在等著他。

　　我們在做事的時候，要持有自我反省、自我修正的態度，並以不斷的追求，去實現自己美好的願望。一個善於自我反省的人，往往能夠發現自己的優點和缺點，並能夠揚長避短，發揮自己的最大潛能；而一個不善於自我反省的人，則會一次又一次地犯同樣的錯誤，不能很好地發揮自己的能力。

　　股神沃倫·巴菲特說：「在犯新的錯誤前，回顧一下過去的錯誤，倒是個好主意。」

　　巴菲特在他數十年的投資生涯中，也犯過許多的錯誤，但他對待這些錯誤的態度是坦率的、明智的。他通過對錯誤的回顧、分析和總結，糾正了自己的投資策略，形成了更為正確的投資理念，由此創造出了更加輝煌的投資業績。

　　巴菲特承認，買下伯克希爾的控制權，是他的第一個錯誤，他明知道紡織製造業務將來毫無希望，仍然抵擋不住購買的誘惑，因為股價看起來便宜。這跟他早期「買便宜貨」的投資策略有關，這個錯誤讓他取得了兩條教訓：第一，優秀的騎士會在好馬上投下賭注，而不是在衰弱的老馬上想辦法；第二，慢慢來。他的反省沒有就此而止，而是更加深入到了習慣和意識的層面。他認識到，有一個「習慣的需要」在左右著投資者的行動，「是

習慣的力量，而不是腐敗或者愚笨，將公司置於這些方向被引入歧途」。

在發現錯誤的原因之後，巴菲特和他的團隊竭力擺脫「習慣的需要」的影響，努力用減少其影響的方式組織和管理公司，並且有意識地培養好的投資習慣，「在犯了其他一些錯誤之後，我學會了只與我喜歡、信任而且敬佩的人一起開展業務。」

從自身來講，反省自我是對自身言行的思索和總結。自己說過的話、做過的事，都是自己直接經歷和體驗的，對自己的一言一行進行反省，反省不理智之思、不和諧之音、不練達之舉、不完美之事，往往能夠得到真切、深入而細緻的收穫。

反省自我，無論是對自己或者是對別人，無論對挫折還是對失敗的思考和總結，都是一筆不可多得的財富。個人的經驗教訓雖然來得更直接、更真切，但其廣度和深度畢竟是有限的。要獲得更加廣博而深刻的經驗，還要在反省自我的基礎上，善於從別人的經驗教訓中學習。

成本最低的財富，是把別人的教訓當做自己的教訓。成功的經驗大多相似，失敗的原因卻千差萬別，從失敗的教訓中學到的東西，往往要比從成功的經驗中學到的更多，而且更為深刻。

工作心得

一個人之所以能夠不斷地進步，在於他能夠不斷地自我反省，能夠找到失敗的原因，然後不斷改正。職場中難免會遇到失敗，但只要你擁有自我反省的能力，就會有所進步；只要你不斷地改進自我，你的工作效率自然就會提高。

困難面前絕不輕言放棄

　　一個人如果放棄某項工作，那麼就毫無工作效率而言。在工作中說聲「放棄」實在太容易了。放棄一次工作機會的理由可以是：我還年輕，也許有更好的機會，沒有必要受這個委屈。甚至是「此處不留爺，自有留爺處」的憤然……可是，隨著一次次地放棄，自己的事業也必將支離破碎。每一個放棄者，事後都會給自己再找些幸好離開放棄的原因，越說越覺得放棄的正確，但是每個成功者的成功，莫不是堅持的結果。

　　有一位窮困潦倒的年輕人，即使當他把身上全部的錢加起來，也不夠買一件像樣的西服，但他仍執著地堅持著自己心中的夢想，他想做演員、拍電影、當明星。當時好萊塢共有五百家電影公司，他再清楚不過了。他根據自己認真劃定的路線與排列好的名單順序，帶著為自己量身定做的劇本前去拜訪。

　　但第一輪下來，所有的五百家電影公司沒有一家願意聘用他。面對百分之百的拒絕，這位年輕人沒有灰心，從最後一家被拒絕的電影公司出來之後，他又從第一家開始，繼續他的第二輪拜訪與自我推薦。在第二輪的拜訪中，拒絕他的仍是五百家。第三輪的拜訪結果，仍與第二輪相同。

　　這位年輕人咬牙開始他的第四輪拜訪，當拜訪完第三百四十九家後，第三百五十家電影公司的老闆，破天荒地答應願意讓他留下劇本先看一看。幾天後，年輕人獲得通知，請他前去詳細商談。就在這次商談中，這家公司決定投資開拍這部電影，並請這位年輕人擔任自己所寫劇本中的男主角。這部電影名就叫《洛

基》。這位年輕人的名字就叫史泰龍。現在翻開電影史，這部叫《洛基》的電影，與這個日後紅遍全世界的巨星皆榜上有名。

史泰龍在先後共計一千八百四十九次碰壁前，都沒有打退堂鼓，而是繼續堅持不懈，終於在第一千八百五十次獲得成功。

一個人絕對不可在遇到困難時背過身去試圖逃避，若是這樣做，只會使困難加倍。相反，如果面對它毫不退縮，困難便會減半。職場中遇到各種各樣的困難是在所難免的，面對困難，是想方設法戰勝它，還是繞道走？勇敢者的選擇是前者，因為只有勇敢地戰勝困難，才能獲得成功。

某大型飯店的主管陳先生說：「我們要用心去工作，不要輕言放棄。做事要有一種從零做起的心態，尊重同事的意見。飯店工作都是從基層做起的，我們不少部門主管，都是從最基層的服務員做起，一步步通過努力走向管理階層。我大學畢業剛進飯店時，做的是前枱服務員和客房服務員。即便是給客人開房等簡單工作，也常出錯，挨主管罵。作為服務行業，還要經常面對一些顧客的苛刻，甚至無理要求。從小到大，還從沒受到父母責罵，卻常在飯店裏遭客人無故呵斥，有時真恨不得立即脫下制服，甩頭走人。但冷靜想想，既然選擇了這份工作，就要適應這份工作性質。而現在，經過基層服務員、大堂副理等職位的鍛鍊，我掌握了一些處理顧客和主管間的關係，雖然還會碰到難纏的顧客，但我會靜下心來想辦法解決。」

放棄，意味著將以前的積累和未來的機會一筆勾銷。於個人、於企業都是如此。所以我們沒有理由放棄。

工作心得

　　工作中遇到困難，要勇敢面對。只要用心對待工作，不輕言放棄，就沒有不能勝任的工作。想要提高工作效率，就離不開把工作堅持到底的決心。常以「絕不輕言放棄」的心態去工作，我們就會發現，也許成功並不需要多大非凡的才能，只要一股堅持不懈的決心就足夠了。

 # 在逆境中要學會忍耐

　　當智慧已經失敗，當天才無能為力，當機智與手腕敗走，當其他的各種能力都束手無策的時候，我們需要的就是忍耐。

　　忍耐就是要有繼續做下去的決心，它表現的是不屈服於種種障礙，繼續不停地做自己該做的工作的信念。在工作中，如果缺乏忍耐精神，常常會半途而廢，這等於工作沒有效率。只有具有忍耐精神，才會有工作效率可言。

　　在別人都已經停止前進時，你仍堅持著，在別人都已經失望放棄時，你仍進行著，這需要相當的勇氣。到那時你得到的是比別人更高的地位、更多的薪水。使你超乎尋常的正是你這種堅持、忍耐的能力，和不以喜怒好惡改變你行動的能力。忍耐是許多人成功的共同的品質。

　　例如在銷售的過程中間，即使對方傲慢無禮，也不怒然而返，這就是勝利。一次不行、兩次、三次……，直到對方不得不佩服你的勇氣與決心，並感到你有一股子忍耐和誠懇的精神，這時他們會照顧你的生意的。

　　成大事者大都具備超人的忍耐力，在受到屈辱時他們能忍耐，在遭受挫折時他們能忍耐，在面對清貧時他們能忍耐，在面對誘惑時他們能忍耐。他們在忍耐中努力追求，不斷進取，在忍耐中感受人生、品味生活，在忍耐中磨鍊意志、修養品行，在忍耐中瞄準時機、走向成功。

　　第一次世界大戰時，克里蒙梭最喜愛抽雪茄，為了身體，他受到了每天只能抽六根的限制。後來他一生氣，就把煙戒掉了，但是在辦公桌上依然放著雪茄，並把煙盒蓋全打開著。一些要好的朋友故意開玩笑說：「總統閣下，您的煙癮又犯了？」克里蒙梭堅定地答道：「勝利的喜悅，必須經過艱苦的戰役才能獲得，喜歡抽煙的我，將它放在眼前，當然會受到無法忍受的慾望驅使，但只要忍耐下去，就會獲得勝利，就能做超越自己能力的事。」

　　一受到刺激就不能忍耐的人，不會有大的成就的。有謙和、愉快、禮貌、誠懇的態度，而同時有忍耐精神的人才會成功。

　　你贏得了有毅力、有決心、忍耐的名譽，就不怕世界上沒有你的地位；但是假使你顯出一些不堅定與不能忍耐的態度，別人就會明白，你是白鐵，不是純鋼，他們要瞧不起你，你就會失敗。所以從某種角度來說，忍耐不失為一種做人做事的技巧。

　　一位著名的推銷大師，他在城中最大的體育館裏做告別職業生涯的演說。

　　那天會場座無虛席，人們在急切地等待著這位偉大推銷員的精彩演講。大幕徐徐拉開，舞臺的正中央吊著一個巨大的鐵球。

　　主持人對觀眾說：「請兩位身體強壯的人到臺上來。」轉眼間已有兩名動作快的年輕人跑到臺上。

　　推銷大師這時開口了：「請你們用這個大鐵錘去敲打那個吊著的鐵球，直到把它盪起來。」

　　一個年輕人先拿起鐵錘，拉開架勢，掄起大錘，全力向那吊著的鐵球砸去。但一聲震耳的響聲後，那吊球卻紋風不動。他接著用大鐵錘不斷砸向吊球，鐵球還是不動。很快他就氣喘吁吁了。另一個人也不示弱，接過大鐵錘把吊球打得叮噹響，可是鐵球仍舊一動不動。

　　這時，推銷大師從上衣口袋裏掏出一個小錘，對著鐵球「咚」地敲了一下，停頓一下，再用小錘「咚」地敲了一下。人們奇怪地看著，推銷大師就這樣自顧自地不斷敲下去。十分鐘過去了，二十分鐘過去了，會場早已開始騷動，有的人乾脆叫罵起來，人們用各種聲音和動作發洩著不滿。

　　推銷大師卻不聞不問，只管用小錘不停地敲打著吊球，大概在推銷大師進行到四十分鐘的時候，坐在前面的一個婦女突然尖叫一聲：「球動了！」接著，吊球在推銷大師一錘一錘的敲打中越盪越高，它拉動著那個鐵架子「嘎嘎」作響，它的巨大威力，強烈地震撼著在場的每一個人。

　　推銷大師開口講話了。他的告別演講只有一句話：「在人生的道路上，如果你沒有耐心去等待成功的到來，那麼你只好用一生的耐心去面對失敗。」

　　忍耐大多數時候是痛苦的，但是成功往往就是在你忍耐了常

人所無法承受的痛苦之後，才出現在你面前的。千萬不要只差那麼一點點就放棄了。浮躁就是給自己的一切清貧，忍耐卻常常給人帶來機遇，使人峰迴路轉、枯木逢春。

工作心得

在逆境中忍耐是一種堅韌、一種謹慎、一種成熟。當然，要做到逆境、順境都能忍並不容易，常言道：「忍字心上一把刀。」雖然忍耐是痛苦的，但它的結果卻是甜蜜的。在職場中的我們需要學會忍耐，尤其在逆境中我們更需要學會忍耐。在忍耐中提高的是效率，擭獲的是成功。

坦率地承認工作中的錯誤

在職場中，一個人對待錯誤的態度，可以直接反映出他的敬業精神和道德品行，不肯認錯的人，往往會被公司清除出去。

有一位大公司的工廠副主任，負責工廠的生產技術工作。有一次，工廠的生產發生了一些問題，產品品質受到了影響。他到工廠看過之後，便立即斷言是某一道工序中，化學原料的配比不合適，認為在投放新的一家企業提供的原料後，原有的配比必須改變。根據他的意見，工人們做了調整，但情況仍不見好轉。此時，一位技術人員提出了不同的見解，認為問題的癥結並不是新的原料，而在於設備本身的問題。對此，這位副主任也從內心覺

得這位技術員的看法，有較大的合理性，但是他並沒有採納。因為他覺得自己是負責工廠技術與工藝的主管，也算得上是一位小小的技術權威。如今自己的判斷出現了失誤，反而不如一位普通的技術員，如果隨便地承認或接受，就很沒有面子。所以為了顧面子，他繼續堅持自己的看法。最後，問題被總經理知道了，問題查明後，這位工廠副主任被解僱了。總經理說：「我不能用一個不肯承認錯誤的人，更重要的是我不能任用一位拿產品品質不負責任的人，當工廠的副主任。」

俗語說：「金無足赤，人無完人。」在工作中，我們或多或少都會出現一些失誤，這時我們要勇於承擔自己的錯誤，停止那些尋求解脫的說辭。敢於直面錯誤，是一種坦率的態度和一種優秀的品質，同時也是一種職業精神。在工作中，只有坦率地承認工作中的錯誤，才能改進工作方法，從而提高工作效率。

當我們不小心出差錯後，最好的辦法就是勇敢地認錯，承擔責任，這樣才能贏得上司的諒解，甚至尊重。事實上，上司也不是聖人，也會有出現失誤的時候，所以他一般不會因為你犯個錯誤，就全盤改變對你的看法。當然，只承認錯誤還遠遠不夠，你還得提出具體糾正錯誤的方法，這樣你不但能讓上司看到了你的坦誠，同時也讓上司看到了你處理問題、改正錯誤的能力。

如果你推卸責任，硬要堅持，不肯承認自己有過失，反過來還要倒打一把，把錯誤推在別人身上，那麼你就等於把自己推進了絕路。其實在工作上誰都會有一些失誤，但問題的關鍵不在於你犯不犯錯誤，而在於你對待犯錯誤的態度。

湯姆是某公司的財務人員，一天，他在做工資表時，給一個請病假的員工定了個全薪，忘了扣除他請假那幾天的工資。事後

湯姆發現了這個錯誤，於是他找到那名員工，告訴他下個月要把多給的錢扣除，可那名員工說自己手頭正緊，請求分期扣除，但這麼做的話，湯姆就必須得請示老闆。

湯姆知道，老闆知道這件事後一定會非常不高興的。湯姆認為這混亂的局面都是因自己造成的，他必須負起這個責任，於是他去向老闆認錯。

當湯姆走進老闆的辦公室，告訴他自己犯的錯誤後，沒想到老闆竟然大發脾氣地說這是人事部門的錯誤，但湯姆再度強調這是他的錯誤，老闆又大聲指責這是會計部門的疏忽，當湯姆再次認錯時，老闆看著湯姆說：「好樣的，我這樣說，就是看看你承認錯誤的決心有多大。好了，現在你去把這個問題，按照你自己的想法解決掉吧。」事情終於解決了。從那以後，老闆更加器重湯姆了。

松下幸之助說：「偶爾犯了錯誤無可厚非，但從處理錯誤的做法中，我們可以看清楚一個人。」上司所欣賞的是那些能夠正確認識自己錯誤，並及時加以補救的下屬。

多年前，花旗銀行的副總裁里德·卡爾，因為建立公司的信用卡分部，使公司損失慘重。他誠懇地向公司承認了錯誤，並制訂了以後的工作計畫以彌補錯誤。經過一番努力，最終渡過了危機，使分部轉虧為盈。里德·卡爾的所作所為，引起了老闆的注意，在他眼裏，里德是個敢作敢為的人，這個錯誤不過只是在朝正確目標邁進途中，所遇到的小挫折。結果他因此大出其名並獲得升遷。

當你不小心犯了某種錯誤時，最好的辦法是積極、坦率地承認和檢討，並盡可能地對事情進行補救。只要處理得當，就能為

事態的惡性發展，贏得一個緩衝時間，從而改變結局。在工作中，出現了錯誤並不可怕，可怕的是掩藏錯誤，推卸責任。對待自己所犯的錯誤，不要抱著僥倖心理，要勇敢地說出「這是我的錯！」這句話。這是彌補過失、追求卓越的必由之路，也是贏得尊嚴、提升品格的唯一選擇。

工作心得

坦率地承認工作中的錯誤，並加以改進，能提高工作效率。承認錯誤體現的是智慧、勇氣、品質。在承認錯誤的同時，你會意識到自己錯在了什麼地方，有利於改進自己的缺點。坦率地承認錯誤，比推卸責任，更能贏得他人的好感，更有助於以後工作的順利進展。

把打擊轉化為積極的力量

在積極的心態中，樂觀是尤為重要的。樂觀的人能勇於面對工作的挑戰，不怕挫折打擊，他們能在跌倒時爬起，他們擁有永遠保持積極向上的勇氣。樂觀是一種涵養。樂觀豁達、活潑好動的人笑口常開，經常保持精神愉悅，有利於工作效率的提高。樂觀的人有一種超脫精神，在工作中遇到攔路虎時，他們比憂愁的人更容量淡化矛盾，調整情緒。樂觀的人善於面對困難，能更快

地提高自己的工作效率，能有效地解決問題。

　　一場暴風雨過後，有一隻蜘蛛，十分艱難地朝著牆上已經支離破碎的網爬去。但是牆壁過於潮濕，每當蜘蛛爬到一定的高度時，就會立即掉下來，但是這隻雖然處境艱難但卻樂觀的蜘蛛毫不氣餒，還是一次次地向上爬。最後它終於成功了。

　　在職場中，我們要有一種樂觀心態。保持樂觀是件重要的事情，樂觀的人能夠經受起很多打擊，並且把打擊轉化為積極向上的力量。

　　樂觀是學著用微笑來面對一切。泰國商人施利華，是商界上擁有億萬資產的風雲人物。一九九七年的一次金融危機使他破產了，面對失敗，他只說了一句：「好啊！又可以從頭再來了！」他從容地走進街頭小販的行列，賣起了三明治。一年後，他東山再起。

　　挫折是一道令人難以下嚥的苦菜，但真正有智慧的人，往往能從挫折中吸取經驗教訓，所以他們常是快樂地把它吃下去。困難也許會讓你焦慮不安，甚至情緒壞到了極點。然而這些不良情緒對困難本身，能有什麼幫助呢？相反它可能還會使你的生活雪上加霜。如果你相信磨難中也有快樂，那麼你就可以用微笑面對生活。

　　機遇是青睞樂觀者的，任何人都有成功的價值，只要相信自己能做到全力以赴，就能獲得成功，一切要看你是否具有樂觀的品質，如何去做。

　　一對孿生小姑娘走進玫瑰園。不久，一個小姑娘跑來對母親說：「媽媽，這是個壞地方，因為這裏的每朵花都有刺。」一會兒，另一個小姑娘跑回來對母親說：「媽媽，這是一個好地方，

因為每個刺上都開著一朵花。」

　　在同一個玫瑰園中，兩個小姑娘得出了不同的結論：一個說這壞，一個說這好。顯然她們是從不同的角度來看待問題的，她們一個悲觀，一個樂觀。

　　一個人面對問題的想法不同，結果肯定會不同。每個人都會面對困難，對困難抱什麼樣的態度，決定著一個人的成功與失敗。成功和失敗就像是姐妹一樣，經常會交替著出現。

　　這個世界上最瞭解你的人還是你自己，千萬不要因為別人無知來懷疑起自己。遇到問題時不要用「我不行」來否定自己，而是要用「我能做到」來激勵自己，要學會用積極的思維方式來解決問題。

　　如果在工作中犯了錯誤，你要對自己有信心改正，還要保持樂觀。你要知道，任何人都會犯錯，即使是聖人也不例外，但是一定要記住：同樣的錯誤不可一而再、再而三地犯。

　　工作不是苦差，而是我們每一個人人生中的一部份，我們要用一種享受的態度去工作。在職場中，任何追求都不是一個結果，而是一個過程，在過程中，人的價值能夠得到最大的體現。我們只有以樂觀的態度看待每天的工作，才能在緊張、繁雜的工作中培養出自信力，才能在工作中得心應手，才能有效提高工作效率。

工作心得

　　一切想法都來自心態，一切結果都取決於你有什麼樣的想法。以積極的思維方式去解決遇到的困難是一種智慧。樂觀的心態是高效率工作的最好夥伴。以積極、樂觀心態投入到工作中去，工作才會更順利。

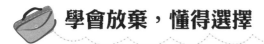

學會放棄，懂得選擇

有句話說得好：「今天的放棄，是為了明天的得到。」成大事業者，不會計較一時的得失，他們都知道該如何放棄，知道該放棄些什麼。

古人云：「魚和熊掌不可兼得。」如果不是我們應該擁有的，我們就要學會放棄。我們要明白，放下次要的，才能夠得到那個主要的。

有三個商人，他們帶著開採了十年的金子越洋歸國，不幸遇到了暴風雨。一個商人為了保住金子，而被大浪吞沒；一個商人為了留下部份金子，最終與船同歸於盡；最後一個商人則放棄了船上的金子，乘救生艇逃離了危險。後來他又帶領船隊，打撈出三條裝金子的貨船，擁有了三個人的財富。

要想取得成功，要想有所建樹，就要學會放棄。

放棄，就是指為了長遠的、遠大的目標或利益，而放棄眼前的一點小利益。學會放棄，就是要學會這種拿得起、放得下的精神。放棄並不等於喪失，而是為了更好地擁有。

兩個貧苦的樵夫靠著上山撿柴糊口，有一天在山裏發現兩大包棉花，兩人喜出望外，棉花的價格高過柴薪數倍，將這兩包棉花賣掉，足可讓家人一個月衣食無慮。於是兩人各自揹了一包棉花，便趕路回家。

走著走著，其中一名樵夫看到山路旁有一大捆布，走近細看竟是上等的細麻布，足足有十多匹之多。他欣喜之餘，和同伴商量，一同放下肩負的棉花，改揹麻布回家。他的同伴卻有不同的

想法，認為自己揹著棉花已走了一大段路，到了這裏要丟下棉花，等於枉費了自己先前的辛苦，所以他堅持不願換麻布。

又走了一段路後，揹麻布的樵夫望見林中閃閃發光，走近前一看，地上竟然散落著數罈黃金，心想這下真的發財了，趕忙邀同伴放下肩頭的麻布及棉花，改用挑柴的扁擔來挑黃金。但他的同伴，仍是那套不願丟下棉花以免枉費辛苦的想法，並且懷疑那些黃金不是真的，勸他不要白費力氣，免得到頭來一場空歡喜。

當兩個人走到山下時，下了一場大雨，在空曠處他們被淋了個濕透。更不幸的是揹棉花的樵夫肩上的大包棉花吸飽了雨水，重得完全無法再揹得動，那樵夫不得已，只能丟下一路辛苦捨不得放棄的棉花，空著手和挑著黃金的同伴一同回家了。

放棄其實就是一種選擇。面對道路，你必須學會放棄不適合自己的道路；面對失敗，你必須學會放棄懦弱。我們要學會放棄沉重的負擔，才能渡過難關，才能輕鬆前行，才能得到更多。

在工作中，學會放棄，懂得選擇，才能避免做一些無用功，才能把精力放在要事上，才能提高自己的工作效率。

工作心得

　　學會放棄是一種人生的境界。遇到了走不通的路，我們要試著放棄一些固執、限制甚至是利益。固執地不肯接受新的改變，只會讓你在原地踏步，或是讓你的處境變得更糟，而不同的選擇，當然導致的是截然迥異的結果。我們要善於放棄，懂得選擇。選擇一條最佳的成功路徑，才是提高工作效率的金科玉律。

 ## 換種方法解決問題

在生活和工作中，很多人都非常努力，但是成效卻不盡如人意。其實有時換一個角度思考問題，往往能夠帶來新鮮的感覺，帶來另一種分析結果，甚至改變自己的思維和判斷，讓工作、生活變得簡捷充實，充滿活力。

人生的成敗得失、高低起伏，是可以相互轉化的。漫長的人生歷程中，我們一路走過，不如意事常常十之八九。但是當遭遇困境時，重要的不是發生了什麼事，而是我們處理它的方法和態度，假如我們轉身面向陽光，就不可能陷身在陰影裏面了。

當我們工作很努力了，但是還沒有得到主管的重用，我們不要一味地發牢騷，或者自暴自棄，這樣做是於事無補的，只能讓我們以前的種種努力化為烏有而得不償失。這時要冷靜下來換個角度去思考，我們則就會發現，畢竟工作的過程，就是一個學習和提升的過程，一分耕耘就自會有一分收穫的，這是一個量變和質變的過程。得不到重用，說明了我們做得還不夠努力，還沒有到位，想想自己還有哪些需要改進的地方，繼續努力，時刻準備著，當機會來臨時，我們就會成功了。

一位哲學家的三個弟子，曾向哲學家求教，怎樣才能找到理想的伴侶。哲學家沒有直接回答，卻帶弟子們來到一片麥田，讓他們在麥田中行進的過程中，每人選摘一支最大的麥穗，不能走回頭路，且只能摘一支。

其中一個弟子剛走幾步，便摘了自認為是最大的麥穗，結果發現後面還有更大的；第二個弟子一直是左顧右盼，東挑西揀，

一直到了終點才發現，前面幾個最大的麥穗已經錯過了。

第三個弟子吸取前兩位教訓，當他走了三分之一時，即分出大、中、小三類麥穗，再走三分之一時驗證是否正確，等到最後三分之一時，他選擇了屬於大類中的一支美麗的麥穗。

這個故事告訴我們，在處理問題時，要學會思考，要學會用另一種方法考慮問題，這樣你收穫的就會比別人的多。

如果你一直向上看，就會覺得自己一直在下面；如果你一直向下看，就會覺得自己一直在上面。如果一直覺得自己在後面，那麼你肯定一直在向前看；如果你一直覺得自己在前面，那麼你肯定一直在向後看。目光決定不了位置，但位置卻永遠因為目光而不同。

在工作中，我們經常會遇到一些難以解決的問題。換種方法來解決問題，更有利於我們擺脫困境，更有利於我們提高工作效率。

工作心得

墨守成規者，只能呼吸前行者揚起的塵土。工作中遇到困難時，一定要學會換角度看問題。一成不變地跑直線，順著一條道跑到黑，不撞南牆不回頭，甚至是撞到了南牆都不回頭，這樣等來的只會是失敗。有時換種方法來解決問題，更能提高我們的工作效率。

 # 最大的障礙是自己

　　在工作中，我們有時會被一些困難和問題弄得焦頭爛額，有時它會讓我們失去信心而選擇放棄，但同時這也是我們提升自我的時機。在面對困難的時候，其實最大的障礙是我們自己。

　　有一個人在屋簷下躲雨，看見觀音正撐傘走過。那人說：「觀音菩薩，普渡一下眾生吧，帶我一段如何？」觀音說：「我在雨裏，你在簷下，而簷下無雨，你不需要我渡。」那人立刻跳出簷下，站在雨中：「現在我也在雨中了，該渡我了吧？」觀音說：「你在雨中，我也在雨中，我不被淋，因為有傘；你被雨淋，因為無傘。所以不是我渡自己，而是傘渡我。你要想渡，不必找我，請自找傘去！」說完便走了。第二天，那人遇到了難事，便去寺廟裏求觀音。走進廟裏，才發現觀音的像前也有一個人在拜，那個人長得和觀音一模一樣，絲毫不差。

　　那人問：「你是觀音嗎？」那人答道：「我正是觀音。」那人又問：「那你為何還拜自己？」觀音笑道：「我也遇到了難事，但我知道，求人不如求己。」

　　在職場中，我們要懂得求人不如求己的道理，只有自己才能拯救自己。想要獲取成功，是一件不容易的事情。任何的成功都是有它的道理的，但看你怎麼把握自己，在逆境中是放棄還是繼續前進，直接決定著你的成敗。

　　王永慶早年因家貧讀不起書。十六歲的王永慶從老家來到嘉義，開了一家米店。剛開始，王永慶曾揹著米挨家挨戶去推銷，但誰會去買一個小商販上門推銷的米呢？王永慶決定從每一粒米

上打開突破點，那時候由於稻穀收割與加工的技術落後，很多小石子之類的雜物，很容易摻雜在米裡。人們在做飯之前，都要淘好幾次米，很不方便。

王永慶卻從這司空見慣中，找到了切入點。他和弟弟一起動手，一點一點地將夾雜在米裡的秕糠、砂石之類的雜物撿出來，然後再賣。一時間，小鎮上的主婦們都說王永慶賣的米品質好，省去了淘米的麻煩。這樣一傳十、十傳百，米店的生意日漸好起來。

王永慶並沒有就此滿足。他還要在米上下大工夫，他開始主動送米上門。王永慶送米，並非送到顧客家門口了事，還要將米倒進米缸裏。如果米缸裏還有陳米，他就將舊米倒出來，把米缸擦乾淨，再把新米倒進去，然後將舊米放回上層，這樣，陳米就不至於因存放過久而變質。王永慶這一精細的服務，令顧客深受感動，贏得了很多的顧客。

王永慶精細、務實的服務，使嘉義人都知道在米市馬路盡頭的巷子裏，有一個賣好米並送貨上門的王永慶。有了知名度後，王永慶的生意更加興盛起來。可以說，王永慶所做的努力是卓有成效的。他通過自身的努力，戰勝了自己，大大提高了自己的工作效率——爭取了越來越多的顧客。

就這樣，王永慶從小小的米店生意，開始了他後來問鼎首富的事業。

成功不都是轟轟烈烈的，有時從一點一滴的小事中，也能積累到成功的條件，這些完全取決於你自己。你要學會看到一粒米的價值，如果你是個善於發掘的人，那麼就算處於多麼困難環境中，也會尋找到突破點，使自己走出逆境。

工作心得

　　工作中遇到困難時，我們最大的障礙就是自己，我們最先要解決的是戰勝自己，只有戰勝了自己，一切靠自己，能力才會有所提高。這樣在工作中處理事情時，才能有更高的工作效率。

只有失敗的人，沒有失敗的職業

　　在一次失敗之後，重新審視自己的職業目標是否合適，是非常重要的。如果大方向沒錯，那就考慮你的方法或階段的目標是否合適。目標的確立，需要分析、思考，這是一個將消極心理轉向理智思索的過程。目標一旦確立，猶如心中點亮了一盞明燈，人就會生出調節和支配自己新行動的信念和意志力，從而排除挫折和干擾，向著目標努力。新的職業目標的確立，標誌著你已經從心理上走出了挫折，開始了下一階段的生涯歷程。

　　史蒂文斯曾經是一名在軟體公司做了八年的程式工程師，正當他工作得心應手時，公司卻倒閉了，他不得不為生計重新找工作。這時微軟公司招聘程式工程師，待遇相當不錯，史蒂文斯信心十足地去應聘。憑著優異的專業知識，他輕鬆過了筆試關，對兩天後的面試，史蒂文斯也充滿信心。然而面試時考官的問題，卻是關於軟體未來發展方向的，這點他從來沒有考慮過，所以遭到淘汰。

　　史蒂文斯覺得微軟公司對軟體產業的理解，令他耳目一新，深受啟發，於是他給公司寫了一封感謝信。信中寫道：「貴公司花費人力、物力，為我提供筆試、面試機會，雖然落聘，但通過應聘使我大長見識，獲益匪淺。感謝你們為之付出的勞動，謝謝！」這封信後來被送到總裁比爾·蓋茲手中。三個月後，微軟公司出現職位空缺，史蒂文斯收到了錄用通知書。十幾年後，憑著出色業績，史蒂文斯成了微軟公司的副總裁。史蒂文斯的經歷告訴我們這樣一個道理：在這個世界上，只有失敗的人，沒有失敗的職業。

　　有一位哲人曾經說過：「誰也不喜歡磨難，但磨難恰恰是人生最好的老師。」當失敗來臨的時候，痛苦與崩潰是無濟於事的。能從失敗中爬起來的人，才是真正的強者。

　　任何人都不可能只擁有成功，也不可能只擁有失敗。其實成功和失敗在同一軌跡上，它們是一對孿生兄弟，總是相伴而生。既然通向成功的道路都不可能平坦，那就不要因懼怕而逃避失敗。如果你一遇到失敗就「退避三舍」，你將陷入更大的失敗和極度的苦悶之中，永遠也看不到成功的曙光。而當你勇敢地面對它時，就會驚訝地發現，失敗原來也是一種收穫，是醞釀成功的肥沃土壤。只要你在跌倒處爬起來，昂起頭，挺起胸，繼續拼搏，頑強開拓，你就會取得成功。

　　唐代大詩人杜牧曾寫過一首氣宇軒昂的詩：「勝敗兵家事不期，包羞忍辱是男兒。江東子弟多才俊，捲土重來未可知。」在人的一生中，遇到挫折打擊、艱難困苦，都是不可避免的，關鍵的問題是你被失敗打倒，還是你把失敗打倒。

　　日本的市村清，是位舉世聞名的企業家，他年輕時曾是一名

保險推銷員。有一次，市村清勸說一位小學校長投保人壽保險，去了十次卻依然毫無收穫。他疲憊不堪地對妻子說：「我實在不願再做下去了，我馬不停蹄地奔跑了三個月，仍是一無所獲。」

妻子愛憐地看著他：「你為什麼不再試一次呢？或許這一次就能成功呢！」妻子的話深深觸動了他。第二天他抱著再試一次的決心，又來到小學校長家。這次未等市村清開口，小學校長竟十分痛快地答應下來。這次成功以後，他的信心更足了。三個月後，他就成了那個地區最優秀的推銷員。

每當談及自己的成功經驗，市村清總是意味深長地說：「我永遠忘不了妻子的那句話——你為什麼不再試一次？」

在工作中，做事失敗是常有的事，但我們不要被失敗所打倒。如果被失敗打倒了，就會失去了對工作的信心，就談不上有什麼工作效率了。

不管我們面臨的失敗是什麼，我們都要調整心態，放鬆心情，放下包袱，輕裝上陣，坦然地面對得失，如此一來，反倒容易從失敗的陰影裏走出來。其實失敗裏深藏著求生的意願、成功的契機和超然的心緒。只要我們正確對待挫折和失敗，就能在以後的工作中少走彎路，少犯錯誤，就能取得更大的成功。

工作心得

有句話說得好：「只為成功找方法，不為失敗找理由。」在職場中，我們要善於尋找方法，而不是遇到困難就推卸責任。世上沒有失敗的職業，只有失敗的人，因為職業本身不會像人一樣進行思考。善於思考，克服道路上的困難，才能提高我們的工作效率。

走出工作中的誤區

在工作中，任何人都不可避免地在某些時候或某個階段，受自身因素或外在環境的影響，讓自己的工作情緒走入一些誤區，這是很正常的。但是如果讓自己一直處於那樣一種心理與工作狀態，不僅影響正常生活，更會影響工作升遷和事業發展，更重要的是會讓你進入了一個越走越灰暗的心靈地帶，而喪失進取之心。在工作中，不要讓外因影響到你的工作效率，阻礙你的工作進程。

那麼我們要走出哪些工作中的誤區呢？

❶ 討厭老闆

我們要努力工作，目的不是為了取悅老闆，而是為了自己。沒有哪個老闆會讓員工百分之百地滿意，就像我們自己也無法讓別人對我們完全滿意一樣。當你成為這家公司的一份子時，就應該做到全力以赴。對老闆不滿，會令你所受的苦，遠遠多於你的老闆，他最多損失一點錢，而你卻失去了熱情、自尊，及一大段寶貴的工作經歷。

❷ 以老賣老

有的人由於在某個職位或一個工作環境下工作了較長時間，且業績尚為不錯，就開始沾沾自喜，有高高在上之感，對身邊的同事都不屑一顧，加之老闆對其的偏愛，便不把上司放在眼裏，從而成為「問題」員工。

一個人能做出可喜的業績，個人努力是重要因素，但他不是

在與世隔絕的條件下做出這些成績的，沒有團體，就不存在個人。老闆對他的偏愛，是因為信任，但絕不是縱容。

❸ 壓力過大

由於自我工作目標制訂過高，或上司下達的指標超出自己的實際承受能力，而造成自己心理負擔過大，因而工作起來憂心忡忡，煩躁焦慮，思想消極，讓人感覺有「問題」。

每個人的能力都是有限的，我們應該有計劃性、有規劃性地先做能力範圍之內的事，在這期間再不斷地去提升自我。能挑五十公斤的時候，可以試著挑六十公斤，而不是一下子讓自己挑上一百公斤。對於上司下達的超指標的工作任務，可客觀提出，也可試著去挑戰，而不是未做先敗。

❹ 用跳槽來解決問題

有些人會選擇用跳槽來逃避工作中棘手的問題，但你會發現，如果你不提高自我能力，不改進你自己，你將要一次次在不同的工作面前，解決同樣一個問題。顯然，用跳槽的方法來解決問題是行不通的。唯有積極面對和解決問題，才是唯一的可行方案。

工作心得

我們不僅要善於工作，還要善於同工作打交道，這樣才會避免一些誤區，才會少走一些彎路，這樣才有利於提高我們的工作效率。

理順工作中的人際關係

　　人際關係是開展工作的依託，在當前的組織中，沒有哪個人可以不依靠別人就能完成工作的。只要開展工作，就要和同事、上司、下屬人員發生聯繫，就存在人際關係處理的問題，就需要協調好各方人際關係。只有理順工作中的人際關係，才能更有效地提高工作效率。

上司就是上司

在職場中，與上司的關係相處的怎樣，直接決定著你的發展。與上司相處和諧，才能夠心情愉快，工作上才能有效地發揮自己的能力，進而提高工作效率。

上司之所以是上司，是因為他的地位比你高，權力比你大，即使他的年齡比你小，也仍然是掌握你前途和工作命運的上司。較高的權力和地位，決定了上司必須享有較多的尊嚴。因此在與上司相處時，我們必須做到上下分明，與上司關係再好，也不能忘記他是你的上司這種工作關係。

在與上司相處時，你一定要與上司保持適當的距離，有這樣一段若有似無的距離，你們的關係才能保持安全和諧。你的上司可能在工作上和事業上無能，但開除你卻是易如反掌的事。不要幼稚地認為上司對你的工作評估，是完全從工作角度出發的。

每個人都有一個直接影響事業、健康和情緒的上司。與你的上司和睦相處，對你的身心、前途都有極大的好處。與上司相處少說話、多做事。要讓他充分地信任你，這個充分的信任，是建立在充分交流的基礎上的。目的是你不但要瞭解他，同時也要讓他充分瞭解你的工作能力。

上班工作時一定要服裝得體，女職員盡量少在上司面前化妝。當上司表達出與你不相同的意見時，你得仔細傾聽。上司通常都喜歡並且賞識聰明、機靈、有頭腦和有創造力的下屬。一旦上司認為你是個無能之輩，並給你戴上愚蠢和懶惰的帽子，那你就很危險了。

　　與上司交談時，不要賣弄你的小聰明，更不能鋒芒畢露，氣勢逼人。在上司面前，你要表現得很謙遜，儘管你的聰明才智需要得到上司的賞識，但如果你故意表現自己，他就會認為你是個自大狂傲的人。上司在心理上，難以接受一個狂妄的人做自己的下屬，他也許會覺得他的小廟容不下你這尊大菩薩，讓你走人。所以你必須要不動聲色地抑制自己的好勝心，成全上司的自尊心和威信。最好你能故意留一個破綻，來滿足上司的好勝心。

　　在平時，你要多讚揚、欣賞上司。讚揚和欣賞上司的某個特點，意味著肯定這個特點。上司也是人，也需要從別人的評價中瞭解自己的成就，以及在別人心目中的地位，從而得到心理上的一些滿足。當受到讚揚時，他的自尊心會得到滿足，最主要的是會對稱讚者產生好感。如果你在背後讚揚你的上司，並試圖讓他通過其他管道得知，效果一定會更好。請記住，這不是逢迎拍馬的奉承，這是你對上司真誠的讚揚。

　　當你想稱讚三十歲以上的女上司漂亮時，請用「有氣質」這個詞。當你想讚揚男上司的時候，請對他說：「在您手下做事，我學到了很多為人處世的道理，我願意能多有這樣的學習機會。」這樣適度地讚揚，可以給上司留下很好的印象，可以長久地維持你們不錯的工作關係。

　　工作上不管做什麼事情，都需要向上司做彙報。向上司彙報工作是你的職責，是你的工作內容，要想處理好和上司的關係，就得時刻想著上司就是上司，不容怠慢。彙報最好能寫個短小而又精悍的書面報告，如果不方便，可以用其他方式彙報。但請記住：書面彙報優於口頭彙報，面談優於電話。還有千萬要記住，先報告什麼後彙報什麼。還得講清楚你已經做到上司交代的哪些

要求，完成了哪些任務等。在你認為自己的某一個想法比較成熟的時候，請採取一種你認為最委婉的方式，向上司說明你的想法，儘量能讓他支持你。

不管在什麼情況下，哪怕是你的見解被上司採納，你也千萬不能到處宣稱這些本來就是你的想法。請你記住，所有的想法最終採不採納，都是上司決定的，沒有他的批准，你的想法不可能被採納。所以不要和上司搶功勞，不要居功自傲，也不能因此而憤憤不平。上司就是上司，你要尊重他、欣賞他。如果你不想辭職的話，你就要服從他，這是你們的工作關係決定的。

工作心得

面對上司一定要謙遜恭謹。如果你和上司關係不錯，那很有可能是他欣賞你的工作能力，在意你的工作業績。最好不要把上司當成自己真正的朋友。請記住，在工作上你需要的是一個上司，絕不會是一個真正的知己；在工作上，上司需要的是一個工作效率高的下屬，絕不會是一個說笑的朋友。

怎樣給上司提建議

在工作中，有了好的建議就要向上司提，這樣不但可以增進與上司的關係，還可以進一步提高自己的工作效率。因為你所提的建議，必然是你認可的，建議被上司採納後，就會涉及你的工

作。這個建議如果在你工作中實施的話，你工作起來必定會得心應手，工作效率也必然會高。

在職場中，許多人都為怎樣向上司提建議，並能讓上司接受自己的建議而苦惱。

做個悶聲不語，默默無聞的呆頭鵝，無法展現才華，上班只是混日子，很難得到上司的賞識，這不是我們想要的；有話就說，直來直去，不知道什麼時候得罪了上司，影響以後的工作，這也不是我們想要的。可是說也難，不說也難，怎麼辦呢？其實只需要改變一下我們的說話方式，用上司容易接受的方式和方法，來表達我們的想法就可以了。

在向上司彙報你掌握的大量資料、資訊時，你一定要充分考慮一種可能性：即上司不重視你提出的方案，並不是因為你說得不對或者不夠，而是因為你表達的方式有問題。怎樣才能使你和上司的「接觸」更加有效率呢？你必須儘量把你要表達的內容，以上司最喜歡的方式傳遞給他，換句話講，你應該充分考慮的是你的上司喜歡哪種交流方式。

大多數人在與上司溝通時，如果能夠改變自己的語言方式，效果或許更好。在提意見時，你不僅要站在自認為對集體有利的角度上，還要換位思考，站在上司的角度考慮問題。由於思考問題的角度不一樣，往往你認為正確的、很好的意見，上司可能認為目前時機尚不成熟，所以不予採納，從而使你的意見遭受冷宮待遇。

在陳述意見時，要多用中性詞語及疑問句，而不要讓上司感覺，你是在將自己的想法強加給他，換句話說，是給上司提「建議」而不是「意見」。通過適當的方式把自己的建議傳遞給上

司，如果這個意見對公司發展非常有益，相信上司會採納的。

如果上司剛愎自用，自以為是，聽不進去不同意見。為了公司的利益，你又覺得必須向他提出建議，那又要怎樣提呢？

面對剛愎自用的上司，我們在獻計獻策的時候，往往會遇到不受重視、不被採納的苦惱。尤其是當一個花費了自己許多經歷和時間，自己確信是一個非常合理、非常優秀的建議和計畫，被上司斷然拒絕的時候，我們會更加苦惱。

你只要把握住幾個原則，就可以減少這種情況的發生機率。首先要迴避你和他之間的意見衝突；提意見之前要提醒自己不是提意見，是移植建議；如果上司接受了意見，光榮歸上司，收益屬於公司。這樣你才能引導上司的思維與決策，向你的建議方向發展。

作為下屬，維護上司的權威是最基本的職業素養，即便在工作中與上司的意見不統一，也要務必保持清醒，迴避衝突。提醒上司，給上司想辦法、出主意，最好在單獨和上司在一起的時候說，儘量意簡言賅，只說一句，只說一遍，以不經意的方式說。在工作中，發現上司所給的指示不對，難以執行或做下去，切記用此法點醒上司。不要長篇闊論地闡述這個建議有多麼不好，那樣會讓上司覺得你在嘲笑他的無能，在向他示威。你提的建議再好，他也有理由不予採納。如果採用在公開場合提意見的話，結果只會更糟，對問題的解決不但沒有半點幫助，反而使自己也陷入一個進退兩難的境地。

如果你要給上司提建議，請不要急於否定上司原來的想法。對上司的工作提建議時，盡可能謹慎一些，仔細研究上司的特點，研究用什麼方式使他喜歡接受下屬的建議。切記，提建議

時，切不可當面頂撞上司，揭上司的底，那會讓上司很反感你。如果你認為上司在某些方面還沒有你掌握得多，你可以委婉地提一些建議，不要對上司頤指氣使。因為他是你的上司，你是他的下屬。

在給上司提建議的時候，可以是口頭建議，也可以是書面建議，也可以是電話建議。在考慮這些不同的交流聯繫方式的時候，別忘了注意一點，就是投其所好。有些人喜歡直觀的方式，而有些人則喜歡數字或是文字，這並不意味著誰比誰更高明，只是口味不同、習慣不同而已。

維護上司的權威是最基本的職業素養，但也不要忘記，堅持向上司貢獻自己好的建議與計畫，也是下屬應盡的工作職責。我們需要做的就是既要維護上司的權威，又要向上司提出合理的建議。

工作心得

　　當你鼓足勇氣給上司提建議時，如果想讓上司聽你的，就要提高上司對你的信任度，這個問題很關鍵。要取得上司的信任，你要有更長遠的眼光，你要瞭解上司關注的重要領域。還要瞭解上司習慣以什麼樣的方式接受資訊，用他容易接受的方式給他提建議，他才能接受。上司接受你的建議，對於提高你的工作效率是有幫助的。

 巧妙地化解與上司的矛盾

　　在工作中，上、下級之間難免發生一些不愉快的事情，產生一些摩擦和碰撞，引起衝突。這時候作為下屬，如果處置不當，就會加深彼此之間的鴻溝，導致雙方關係的僵化，影響工作效率的提高，使工作進程受阻。

　　那麼一旦與上司發生衝突後怎麼辦？常言道：「冤家宜解不宜結。」通常情況下，緩和氣氛，疏通關係，積極化解，才是正確的思路。具體來講，主要有以下一些方式、方法：

❶ **引咎自責，自我批評**

　　心理素質要提高，態度要誠懇，若責任在自己一方，就應勇於找上司承認錯誤，進行道歉，求得諒解。如果重要責任在上司一方，只要不是原則性問題，就應靈活處理，因為目的在於和解。作為下屬，可以主動靈活一些，把衝突的責任往自己身上攬，給上司一個臺階下。人心都是肉長的，這樣人心換人心，極容易感動上司，從而就可以化干戈為玉帛。

❷ **避免尷尬，電話溝通**

　　打電話解釋，可以避免雙方面對面的交談所可能帶來的尷尬和彆扭，這正是電話的優勢所在。打電話時要注意語言應親切自然，不管是因為自己的魯莽造成的碰撞，還是由於上司心情不好引發的衝突，都可利用這個現代化的工具去解釋；或者換個形式，利用書信的方式去談心，把話說開，求得理解，達成共識。這就為恢復關係初步營造了一個良好的開端，為下一步的和好面

談鋪開了道路。這裏需要說明的是此法要因人而用，不可濫用，若上司平時就討厭這種表達方式的話就應禁用。

❸ 儘快溝通

消除你與上司之間的隔閡是很有必要的，出現「裂痕」之後，要找個合適的時機，馬上把自己的想法與對方溝通一下。這樣既可達到相互溝通的目的，又可以替雙方提供一個體面的臺階下。

❹ 請人斡旋，從中化解

請人斡旋，從中化解，就是找一些在上司面前談話有影響力的「和平使者」，帶去自己的歉意，以及做一些調解說服工作，不失為一種行之有效的策略。尤其是當事人自己礙於情面不能說、不便說的一些語言，通過調解者之口一說，效果極其明顯。調解人從中斡旋，就等於在上、下級之間，架起了一座溝通的橋樑。但是調解人一般情況下只能起到穿針引線作用，重新修好，起決定性作用的，還是要靠當事人自己去進一步解決。

❺ 表示對他的尊重

當你與上司衝突後，最好讓不愉快成為過去。你不妨在一些輕鬆的場合，表示你對對方的尊重，上司自會記在心裏，排除或是淡化對你的敵意。

❻ 千萬別跟同事訴苦

無論因何種緣故「冒犯」上司，往往想向同事訴說苦衷，同事既不願介入你與上司的爭執，也不忍心說你的不是，讓他們如何安慰你呢？假如有居心不良的人回報到上司那兒，你與上司之

間的裂痕反而會加深。

　　我們在工作中免不了會和上司有一些分歧和衝突，良好的衝突應付方式，可以化解與上司的矛盾，獲得上司的理解和支持，減少工作阻力，進而能有效地提高工作效率。

 # 掌握贈送禮物的技巧

　　我們生活在一個講「禮」的環境裏，如果你不講「禮」是不行的。求人幫忙要贈送禮物，聯絡關係要贈送禮物，「禮多人不怪」，這是一句古老的格言，它在今天仍十分實用。

　　在當今的商業事務中，贈送禮品起著相當重要的作用。商業禮品，被現代的人稱之為「特種廣告」，是廣告促銷、傳播品牌、樹立企業形象的最直接的廣告。合適的禮品既表達了心意，又讓對方不自覺地接受了廣告，達到了宣傳或促銷效果，確實令不少人青睞。

　　商品社會中的「利」和「禮」，是連在一起的，往往是「利」、「禮」相關，先「禮」後「利」，有「禮」才有「利」，這已經成了商務交際的一般規則。在這方面道理不難懂，難就難在操作上，你贈送禮品的功夫是否到家，能否做到既不顯山露水，又能夠打動人心。這是商務贈送禮品的關鍵。

究竟如何贈送商務禮品呢？要把握以下原則：

· 根據不同的受禮品者，選擇不同價值的禮品。

· 根據受禮品者的趣味不同，精心挑選禮品。

· 選擇最佳贈送禮品的時機，給人留下更深的印象。

· 贈送的禮品要品質優、適用性強，經久耐用。

· 最好讓禮品更具有私人性、專一性。

· 禮品的包裝要精緻美觀，吸引人。

· 如有可能，親自或者派人專門致送禮品。

· 根據禮品用途，選擇不同的贈送場合。如供家庭用的禮品，最好送到接受者家裏，而不要在辦公室進行。

在職場中，向別人贈送禮品能融洽人際關係，人際關係和諧了，就能在工作中免受阻礙，從而能提高工作效率。

在職場中，向上司贈送禮品的情形較為常見，那麼向上司贈送禮品時，需要注意哪些事項呢？

❶ 不要唐突

向上司贈送禮品，可以加強感情溝通，與誠實、正直、勤勞的人品並不衝突，贈送禮品並不代表無能。但需要注意的是雖然贈送禮品本身無妨，但要避免唐突地送大禮品給上司，否則會讓上司心生疑惑，覺得你有事相求。感謝就是感謝，心意到就好，再重的禮物也不能取代你的才能。

❷ 不要送大禮

上司和員工的關係是靠工作，而不是靠禮物維繫的。如果收了員工的重禮，在以後的工作中就難免會碰到一些尷尬。比如當上司訓斥員工時，員工就會產生怨恨，覺得上司收了禮還這樣對

他，真是不通人情。如果這種情緒蔓延，對我們與公司的長久發展，都是極為不利的。

❸ 選擇好時機

贈送禮品時間要適宜。例如春節就是一個比較適當的送禮機會，既表達了對上司的謝意，也在新年給上司送去一份真摯的祝福。禮品本身一定要有意義，要掌握好實用與不實用的尺度。畢竟贈送禮品最重要的是表達心意，應根據自己的經濟狀況來選擇和購買禮物，收禮者也會收得安心。

在職場中，贈送同事禮物時應注意什麼呢？

- 對於上班族而言，禮物的贈送方法也是需要技巧。雖然大多數人總是無法避免地以上司為中心贈送禮物，那卻是一種蹩腳的方式，對於上司而言，下屬獲得的成果，遠比任何禮物更為重要。所以在出差時，不如將禮物贈送給平時無出差機會的人們。比如說儘管和這次出差相關，卻未被當做計畫小組成員的同事們。

- 出差或外出旅行時，贈送同事薄禮一份，是較理想的選擇。究其原因，是因為接獲者和未獲得禮物者之間的差距將縮小。既然無法贈送全體同事，當你購買禮物時，就應該考慮到未接獲者的感受。如果購買高價的禮物送給某人時，此人和未獲得禮物者的差距將受到凸顯。所以如果是這樣類型的禮物，最好別買回公司。

工作心得

　　掌握送禮的技巧對我們來說是十分重要的，尤其是在這個「理」（禮）性的時代。善於向他人贈送禮物，可以有效拉近彼此間的距離；可以在面對棘手的工作任務時，起到事半功倍的效果。這樣就自然而然地提高了我們的工作效率。

正確處理與同事之間的關係

　　同事關係是職場中最廣泛存在的人際關係。一般情況下，要想好好工作，同事關係就必須處理好，否則工作多半做不好。處理好與同事之間的關係是非常重要的，我們必須以團結友善的態度，來對待同事之間的關係。

　　對待同事，不要頤指氣使，他不是你的下屬，即使是你的下屬，也不應該那麼做；不要故意吃虧討好，他不是你的上司，更不是你的情人；不要怒目而對，他不是你的敵人，你和他沒仇。同事和你是平等的工作關係，要相互理解、相互幫助、相互鼓勵，並且保持適當距離。這樣就能創造一個寬鬆的工作環境，提高你的工作效率。

　　要想處理好你與同事之間的關係，首先就要有友好相處的願望，和積極交友的態度。你要把與同事的工作關係，放在友好相處的基點上。要注意培養自己的和群性，主動地與同事交流思

想，積極正確地表達自己的願望。要克服人際交往中的靦腆、內向、害羞，以及過於敏感的思想障礙，多交朋友，置身於同事之間，學會體驗同事間才有的樂趣和友誼。

同事之間思考問題的側重點、看問題的角度、工作經驗、知識閱歷等方面，存在一定的分歧是正常的。不要因為一個小小的分歧，就把和同事的關係鬧僵。你要設身處地地為你的同事著想，理解對方、適應對方，從而處理好相互的關係。

相互幫助不僅可以增進同事之間的感情，也能表明你們的信賴，融洽關係。有時你怕給同事添麻煩，人家就以為你不夠信任他，也不會主動地幫你。所以有時候你們的同事關係看起來很疏遠。同事之間的相互幫助，是工作和工作感情的必要交流。當然，求助要講究分寸，儘量不要使人家為難。還要平衡同事關係，比如辦公室有好幾個人，相處中應儘量保持平衡，不要對某人特別親近，也不要對某人特別疏遠。要知道適度地拉近同事距離，有利工作。但也要明白，要適度地保持與同事之間的距離，這樣才能處理好與同事之間的關係，把工作做好。

與同事之間的相處，要謙虛謹慎，不要盛氣凌人。一些人處理不好同事關係，一條重要的原因，就是不夠謙虛謹慎，過高估計自己，過低估計別人。在上司、同事面前說別人的壞話，以貶低別人抬高自己，通過不正當的手段，來實現自己的目的，結果得罪了許多人，弄得周圍人對你都有意見。所以在工作中一定要謙虛謹慎，以獲得周圍同事的歡迎和信賴。

有的人說同事可以一同吃喝玩樂，不可以談很多實質性問題，而且不宜交心。因為說不定哪天你們的位置和關係會發生改變，到時候有些往事會造成什麼影響，就很難說了。其實這樣說

多少也有點道理。因為同事又存在成為潛在競爭對手的可能，其間利害關係會影響同事之間的友好關係。所以有時候知心朋友不宜是同事，如果有什麼重要打算想徵求意見的話，可以找非同事的朋友。

　　同事是一種工作上的關係，同事之間要互相理解、互相幫助，也是可以成為生活上的朋友的。但是我們都明白，工作是工作，工作關係是工作關係，生活關係是生活關係。不能把關係理解錯了、理解亂了，否則對工作很不利。

工作心得

　　與同事相處要簡單、自然、不做作，不要表現的什麼都懂，別人就願意與簡單的你交往，因為他們覺得你很真實。日久天長，與同事的良好工作關係就建立起來了。平時不要各嗇好話，發現別人的優點多多表揚和誇獎，但不要虛偽地討好。這樣同事就喜歡你，大家工作起來也都順心，工作效率也就會提高。

記住下屬的名字

　　如果你的上司第一次和你見面後就記住了你的名字，如果你的上司經常就工作上的事宜和你交流意見，如果你的上司在你犯

錯誤時，用和藹的語氣幫你認識錯誤，如果你的上司在你的生活上時刻關心你……這樣的上司，我們誰不喜歡呢？誰會不對其工作盡心盡力呢？可見，平易近人是上司者用來籠絡下屬的手段，也是一個高明上司者必備的功夫。

記住下屬的名字，是一種平易近人的表現。不僅僅是常人喜歡被別人記住名字而感到備受尊重，特別是作為下屬，如果和上級主管偶然的一次認識後，下次見面時主管還能叫出你的名字，你一定很感動。所以記住別人的名字，是身為領導者包括每一個人，在交際中必須注意的一個細節。

某公司一新上任的部門總經理，管理部門上下三十多個人。走馬上任的第一天上午，他只是簡單地和每一個下屬都認識了一下，講了幾句話就結束了。中午到餐廳吃飯，他碰到下屬時，卻非常熱情地隨口叫出了他們的名字，李志剛、趙明亮、邱大野……一口氣叫出了十幾個人的名字，這些人都有些欣喜地回應著。

事後，有一名下屬來到他的辦公室對他說：「李總，原本我已經打算離開這家公司，但現在我決定要繼續留下來，真沒有想到，剛見一面您就記住了我的名字，真讓我感動。同時，我感覺您真的很專業，我相信您會帶領我們這個團隊走出目前的低谷的。」而事實上，吃飯前這個新來的上司，就已經捧著員工名冊，在自己的辦公室裏面背了大半個小時了。

每一個下屬都希望受到上級主管的賞識與尊重，而記住下屬的名字，其實就是對下屬的一種無形尊重。下屬受到了尊重，必然工作積極性就會提高，自然也能提高工作效率。

記住下屬的名字，並儘量主動地說出他們的名字向他們打招

呼和交談，下屬感覺作為主管的你能夠記住他們的名字，說明主管心裏很在乎他們，就會有一種親切感，這樣非常有利於提高下屬的工作進度和品質的。大人物能記住小人物的姓名，常使小人物受寵若驚。而某些並不大的主管，總是叫不出幾個部下的名字，過了很久還是老叫錯人名，總是冷人心，讓人覺得他心不在焉。有個一官半職的人，無論記憶力好不好，用心記住人名，尤其是記住下屬的名字，是很有必要的，這會對你開展工作帶來很大的好處。

工作心得

　　記住了下屬的名字，對下屬來說是心理上的滿足和精神上的激勵。作為下屬就會覺得有種親切感，會覺得被主管重視，而這樣的結果，非常有利於下屬提高工作效率，提高工作的進度和品質。

平衡與下屬的工作關係

　　一個人的優點越突出，往往缺點也越明顯。身為上司，對待下屬，一定要有一顆平衡心，一定要有一顆包容心。作為上司，要有海納百川的胸懷，能容人之長，做到不嫉才，也要能容人之短，容人之過。作為上司，必須學會客觀地看待自身的優缺點和下屬的優缺點，讓自己與下屬的工作關係保持平衡。

　　平衡與下屬的工作關係，先要自身的內心平衡。下屬工作能力強了，工作效率提高了，不要嫉才，要主動提高自身的能力以求內心平衡，以求工作平衡；下屬工作能力差了，工作效率降低了，不要厭棄，要幫助下屬提高工作效率，以求平衡工作，把工作做好。

　　要想調動下屬積極工作的主動性，發揮其創造性，就必須平衡與下屬的關係。上司行為本身對下屬就具有強大的影響力，上司言行的好壞，與下屬的工作效率高低直接相關。上司良好的言行，取決於良好的品格因素。因此要提高自身的思想修養、提高自身的素質，就要在品德、效率、修養等方面成為下屬的表率。這樣才能得到下屬的敬重和擁戴，才能產生巨大的影響力，從而形成強大的團結共事的凝聚力。下屬也會因為有一個各方面都優秀的上司而驕傲，他們會主動學習，積極主動配合上司的工作。

　　凝聚力的產生，與能否正確處理與下屬關係，有著直接的影響。上司不能正確處理與下屬的關係，工作凝聚力就無法形成。工作沒有了凝聚力就是一盤散沙，一個人堆不出城堡。要提高自身的凝聚力，重要的一條就是要瞭解下屬，虛心聽取下屬的意見，尊重下屬的獨立思考，關心下屬的疾苦，幫助下屬解決在實際工作中和日常生活中遇到的困難，不論是工作中的難題，還是精神上的困惑，都應該關心，更要特別注意和下屬進行感情上的交流。

　　作為一個合格的上司，必須隨時瞭解下屬的心理動態，掌握他們工作的基本要求，並為滿足他們工作的基本要求而身體力行，這樣才能使上司和下屬的積極性凝結在一個支點上，以形成最大的凝聚力，以獲得最大的工作效能。

　　一個工作團體，其工作力強不強，很大一部分的原因，便在於上司協調效能的好壞。上司與下屬之間，只是工作分工有所不同，而在人格上、生活地位上都是平等的。

　　上司要平衡與下屬的關係，就要協調好與下屬的關係。要樹立服務觀念，甘為工作服務；其次，對下屬要一視同仁，注意與下屬的關係平衡，不能憑個人好惡，特別是對有不同意見的下屬，不能有偏見，故意貶低或者為難下屬。對那些與自己意見不一致的下屬，更要使自己的內心保持平衡狀態，更要做好協調工作，絕不要用有色的眼光看待下屬、對待下屬。要形成一個團結、和諧、寬鬆、愉快的環境，達到協調、團結工作人員的目的。

　　上司和下屬不單純是一種上下級關係，更重要的是一種「秤不離砣」的相互紐帶，離開了對方，便什麼都不復存在。下屬看重上司的只是領導的一種權威，在下屬眼裏，上司就是一群孩子的家長，離開了下屬，就缺少了一種威信，缺少了工作團隊。所以上司一定要平衡好和下屬的關係，讓他們服從領導和指揮。平衡好與下屬的工作關係，才能讓工作更好地進行。

　　上司是一艘漂浮不定的遊船，下屬則是托起遊船漂浮的水，所以作為上司，千萬別把下屬不當回事。

　　下屬是上司最得力的助手和參謀，也是上司最需支撐的左膀右臂，一個好下屬的工作，能在暗中左右上司的判斷和決策，可見下屬的作用是巨大的。所以作為上司，一定要平衡好和他們的工作關係。

上司作為領導下屬的管理階層人員，自然有過人之處，但也不要狂傲自大，一定要尊重並且重視自己的下屬，平衡好你們之間的工作關係。你要求有一個謙虛謹慎的下屬，那你也要做到成為一個能讓下屬佩服、服從的上司。平衡你與下屬的工作關係，是你的分內之事，不要讓下屬看不起你，影響你們的工作關係和工作效率。

怎樣解決下屬之間的矛盾

下屬之間總會有出現矛盾的時候，處理這種矛盾是需要一定水準的。處理得好，可以讓下屬間化干戈為玉帛，安心工作，提高工作效率；處理不當，矛盾終會導致「白熱化」，影響工作，到了這種程度，作為上司的你也就很棘手了。

當下屬出現摩擦的時候，作為上司，你首先要保持鎮靜，不要因此而風風火火，甚至火冒三丈，你這樣的情緒對矛盾雙方，無疑是火上澆油。

當你面對這種情況的時候，不妨來個冷處理，假如你自己先「一跳三尺」，那麼處理起來顯然不太合適，效果也不會很好。

當矛盾雙方因公事而發生齟齬時，「官司」打到你的跟前，

這時你不能同時向兩人問話，因為此時雙方矛盾正處於頂峰，雙方一定會在你跟前又大吵一頓，讓你也捲入這場「戰爭」，雙方也可能會因為誰最先說一句話而爭論不休。

到底是先有雞後有蛋，還是先有蛋後有雞，在這個時候是爭論不出個所以然的。所以你不妨倒上兩杯茶，請他們坐下喝完茶，再讓他們先回去，然後分別接見。

單獨接見的時候，請他們平心靜氣地把事情的始末講述一遍，這個時候你最好不要插話，更不能妄加批評，而是要著重在淡化事情上下工夫。

事情往往是「公說公有理，婆說婆有理」，兩人所講的內容當然會有所出入，並且都各有道理，你在一些細節問題上，也不必去證明誰說得對。但是非還是要由你斷定的，當你心中有數了，此時儘管是黑白已明，也不要公開說誰是誰非，以免進一步影響兩人的感情和形象。假如你公開站在其中一方這邊，顯然這一方就會覺得有了支持而氣焰大漲，另一方則會覺得你有偏袒之心。

你不妨這麼說：「事情我已經清楚了，你們完全沒有必要吵得這麼凶，事情過去了就不要再提了，關鍵是你們要從大局出發，以後不計前嫌，精誠合作。」相信經過幾天的冷靜，雙方都會有所收斂，你這麼一說，雙方有了臺階下，互相道個錯，也就一了百了了。

如果純屬私事，你也應該慎重處理，千萬不可以袖手旁觀，因為兩人私事上的矛盾，會直接影響到工作。這個時候也要分別召見兩人，但和處理公事不同

對於他們之間的私事，你沒有必要「明察秋毫」，評定誰是

誰非，有許多私事是十分微妙的，看似簡單，實則越處理事情越複雜，還可能會扯進來很多旁人，事情越鬧越大，最後就會影響公司的整體工作。

你不妨說：「我不想知道你們之間的那些事，但基於工作，我要求你們通力合作，不允許工作受私事的影響，希望你們清楚這一點。」

俗話說：「釣魚不在急水灘。」選擇風平浪靜的地方，選擇風和日麗的時間，才能有所收穫。否則的話不但可能於事無補，說不定自己還會被捲入漩渦，這一切必須牢記在心。

工作心得

　　下屬之間的矛盾，是職場上不可忽略的問題，你就應本著從工作角度出發，真誠對待下屬的態度，積極有效地調解下屬之間的矛盾，正確處理矛盾，不偏袒任何一方。你要幫助矛盾雙方正確認識雙方的同事關係，而不是有深仇大恨的敵對關係。這樣才能讓下屬和平相處，有利於提高工作效率。

挖掘下屬的潛能

身為領導者的一項重要任務，就是要發現下屬的優點，並最大限度地激發下屬的潛能。聰明的領導者，會讓下屬的優點變為工作中的優勢，以提高下屬的工作效率。

　　事必躬親其實是領導者無能的表現，那遲早會被累得直不起腰來。領導者所考慮的應該是全局和大局，而不是那些芝麻綠豆大的、無關痛癢的小事。如果領導者一味地事必躬親，那下屬就只有端著茶杯、拿著報紙閒聊的份兒。領導者和下屬應找準自己的位置，在哪個山頭唱哪個山頭的歌。領導者應該考慮大局，除此之外，領導者要善於發現人才、培養人才。發現人才、培養人才、使用人才是領導者的基本職責，也是領導者正確處理與下屬關係、調動下屬積極性的重要方面

　　領導者都會求賢若渴。聰明的領導者知人善任、任人唯賢，就能獲得下屬的尊重和服從。啟用一批人才，並因此帶來更大一批人才，事業就會興旺；反之，任人唯親，就會因此失去一批能人，事業就會受到挫折，甚至失敗，其他下屬的積極性就會受到壓抑。領導者有求才之心，就不要做傷才之事。領導者用人不能只憑親疏遠近，而要看能力大小；不能憑個人好惡，而要看工作業績。這樣才能調動下屬的積極性，激發潛能。

　　領導者要有愛惜人才的內心、識別人才的能力、舉用人才的膽量。這樣就能獲得人才，有了人才，事業就蒸蒸日上。人才怎麼獲得？誰也不要妄想著自己有了以上種種，天下人才就可以任你重用了。最好就是挖掘下屬潛能，把自己的下屬都培養成人才。

　　有的領導者常常抱怨，下屬中沒有一個是精兵強將，而下屬又常常感歎自己無用武之地。在這種情況下，只能靠下屬毛遂自薦，只能自己爭取表現機會，才能讓領導者刮目相看。這樣其實是領導者的一個失誤。作為領導者就要擦亮慧眼，善於在下屬中搜尋、籠絡人才，多給下屬肯定和鼓勵，不惜成本塑造人才。

　　作為一個領導者，不能抱怨下屬沒有才能，要會挖掘下屬的潛能。只一味地抱怨有用嗎？有用的話就沒有人培養人才了。就像考試之前有的同學會緊張，緊張有用嗎？有用的話，大家都緊張吧，誰也不用平時努力學習了。所以不如花些時間去挖掘下屬的潛能，培養下屬的工作能力，使下屬成為你的得力幹部。那樣，以後你就可以大膽地放手，讓他去處理工作中的大小事務。

　　能力是多元的，潛能更是多元的，領導者應著重引發下屬的創意思考和工作熱忱，把下屬的潛力充分挖掘出來。

　　領導者要肯定下屬的能力，從而讓下屬肯定自我特質，感到自己是有優點、有價值的人，但不要讓下屬為此而自傲。如果領導者很看重下屬的某個優點，那下屬就一定會很珍惜自己的這個資源，將其用來學習、工作、發展，慢慢地潛能就都被挖掘出來了。到下屬真的已經很優秀的時候，他一定不會忘記你當初的肯定和看重，他會懷著一顆感恩的心，好好為公司工作的。下屬工作能力越大，工作起來就越輕鬆，工作效率也就越高，你工作起來同樣也輕鬆。我們知道，一個人的最終成就，不是賺了多少錢，而是創造了多少價值。同樣一個人工作很優秀，不是他擁有多少潛力，而是發揮了多少潛力。每個人都有潛在的能量，都有自我實現的渴求。在一定時期內，讓下屬最大限度地發揮自己的潛能，要比發一個「紅包」，更能激發工作熱情。想出一些切實可行的辦法，比如實行一日管理，便可使那些平時缺少機會相互交流的員工與管理人員多交流，每一個下屬人員都能有機會發揮管理才能，使之從多方面確立自己的價值，滿足自我實現的需要，不斷發揮自己的潛能，為公司添加青春活力，從而為公司創造出更多的價值

　　領導者與下屬是工作關係，所以領導者要引導下屬提高工作能力，發揮潛能，從而更好地工作。挖掘下屬的潛能，是一個好的領導者的必備能力。領導者將自己的能量發揮到最大，就是讓身邊的人都發揮出最大的能量。讓下屬把潛能發揮到極致，就是領導者最大的成就。

工作心得

　　作為領導者，要學會用人，而在用人的諸多方法中，挖掘下屬的潛能是最為重要的。要挖掘下屬的潛能，就要給下屬自信，幫助他建立自信，他自己就會有把工作做好的強烈慾望，並且他會努力不懈的。下屬的潛能被挖掘出來了，工作效率自然就會提高。

7
Chapter

達成有效的溝通

事實上，工作上的溝通就是講做事情，它可以籠統概括為兩件事，就是做正確的事情和把事情做正確。我們要掌握溝通的基本原則、技巧和方法，在工作中和別人溝通的時候加以利用，這會大大提高我們的工作效率。

溝通的基本原則

　　我們每一個人均有與他人溝通的需要，人類可利用溝通克服孤單隔離之痛苦，我們有與他人分享思想與感情的需要，我們需要被瞭解，也需要瞭解別人。一位英國作家很形象地說道：「如果你有一個蘋果，我有一個蘋果，彼此交換，那麼每人只有一個蘋果；如果你有一種思想，我有一種思想，彼此交換，每個人就有了兩種，甚至多於兩種思想。」

　　溝通既是一門科學，更是一門藝術。在經濟發展的現代，溝通的重要性正日益顯現。比如公司與職員之間有了「鴻溝」，造成「勞資糾紛」，要溝通；父母與子女之間有了「代溝」，出現了所謂叛逆的子女、霸道的父母，要溝通；連自己，想不開，好像腦袋的溝給堵住了，要好好思前想後一番，也要溝通。溝通就是把不通的管道打通，讓「死水」成為「活水」，彼此能對流，能瞭解，能交通，能產生共同意識。

　　溝通是人與人之間、人與群體之間，資訊、思想以及感情的傳遞和回饋的過程。通過良好的溝通，人們可以交流資訊，思想達成一致，拉近人與人之間的距離。溝通不只是簡單地說與聽，而是一個資訊交流、思想交流、增強認同感、加強凝聚力的過程。我們要工作就難免要與人接觸，要想取得與別人良好的溝通效果，我們需要掌握一些溝通的基本原則。

　　溝通就要和別人交流，就要正確表達自己的意思，讓對方明白，而不能讓對方產生誤會。要對溝通的內容進行清晰而有邏輯的思考，不能把溝通的內容弄得含糊不清。例如當要表達「我們

需要些紙巾」時卻說「紙巾用完了」。其實需要紙巾並不一定就是紙巾用完了。如果你的資訊沒有得到清晰的表達，它便不能被聽者正確地理解和加工，有效的溝通也無從談起。

溝通應是雙向的。溝通絕不會是一個人只講，一個人只聽，你既要講，也要聽對方講，大家都坦誠地說出自己心中的想法，這樣才能從根本上發現問題，並及時找出問題的癥結所在，也才能為有效地解決問題，奠定堅實的基礎。如果溝通過程中只有一方是積極主動的，而另一方只是消極應對，那麼溝通是不會成功的。

我們要根據溝通對象的不同，選用適合的語言。比如和一些非專業的人交流時，該用通俗上口的口語，不要用對方聽不懂的專業術語；和專業人士交流時，就要用專業術語，不要囉嗦繁冗地多做陳述。如果你和業外人士交流時，用你的專業術語，那樣就會讓人覺得你在故弄玄虛，在顯擺你的專業，而不是在和對方很坦誠地交流。相反，你與業內人士交流時，如果說話囉囉嗦嗦的，就會讓人覺得你很不專業，或者讓人誤會成你認為對方不夠專業。

你與人溝通要保持自信。一般在事業上相當成功的人，不會隨意改變自己的看法或意見，更不會與人交流時唯唯諾諾，毫無自信而言。他們有自己的想法與作風，但卻很少對別人吼叫、謾罵，甚至連爭辯都極為罕見。因為他們相當瞭解自己，非常肯定自己，並且他們會在溝通前對需要溝通的人，進行一些必要的瞭解，所以他們自信。有自信的人，常常是最會溝通的人。

溝通雙方要互相尊重，與人交流時尊重對方就是尊重自己。在談話時，有人說：「我很尊重你。」其實他的潛臺詞就是：

「請你尊重我。」只有互相尊重才有溝通，尊重是良好溝通的基礎之一。尊重包含體諒對方與表達自我兩方面。所謂體諒，是指設身處地為別人著想，即尊重對方，並且體會對方的感受與需要。在與人相處的過程中，當我們想對他人表示體諒與關心，唯有我們自己設身處地為對方著想。由於我們的瞭解與尊重，對方也相對體諒你的立場與好意，因而會做出積極而友好的回應。所謂表達自我，就是要表達自己的立場、觀點、態度以及理由，爭取贏得對方的尊重和理解。

在溝通中，不該說的話不說，如果說了不該說的話，往往要花費極大的代價來彌補。自己說話之前，一定要先經過大腦思考，想清楚是不是該說。成語「謹言慎行」中，前者就是說的這個意思。不要貪圖說話速度的快慢。有時候溝通的機會，是很不容易爭取的，千萬不要因為一句不留心的話，讓機會流失。正所謂「病從口入，禍從口出」，有時候一句無心的話，甚至於可能造成無可彌補的嚴重後果。所以溝通不能夠信口雌黃、口無遮攔。當然也不要完全不說話，有時候完全不說話，結果會變得更加糟糕。

如果一個人正處於情緒低迷，或者激動的狀況中，那就不要試圖和他好好溝通了。大多數人在情緒激動的時候，是什麼也聽不進去的。尤其在情緒中，很容易衝動而失去理性，比如吵得不可開交的夫妻、醉酒的朋友或者客戶。對於一些處在不理性情緒當中的人，就不要溝通。不理性只有爭執的份，不會有結果，更不可能有好結果，所以這種溝通無濟於事。

溝通過程中，你一旦發現自己錯了，就要主動說聲「對不起」。承認我錯了，是溝通的消毒劑，可解凍、軟化溝通中的矛

盾，改善與轉化溝通的問題。一句「我錯了」，就可以冰釋前嫌，能讓人豁然開朗，重新面對自己和對方。

　　掌握了溝通的基本原則，就打下了與人良好的溝通基礎。良好的溝通充滿說服力和親和力，可讓你處處遇貴人，時時有資源，別人做不到的事，你做得到，一般人要花很長時間才能達成的目標，你可能只需要很短時間。溝通建立起的說服力和親和力，可以讓你建立良好的人際關係，獲得更多的機遇與資源，減少犯錯的機會和摸索的時間，得到更多人的支援、協助與認可。

工作心得

　　溝通方式是靈活多變的。溝通的形式也不能是固定的，沒有哪一種溝通形式是最好的，只有相對比較適合的。任何一個人在達成他工作目的的過程中，都難免會遇到需要與他人合作，而別人對你的協助意願和配合程度，有時決定了你工作效率的快慢，甚至能決定你是否順利達成目標。掌握一些溝通原則，對提高你的工作效率是有一定好處的。

掌握溝通中的語言技巧

　　你喜歡跟哪種人交往？你會不會喜歡結交事事與你唱反調，想法和興趣都和你不同的人呢？相信不會。

　　人們常說「興趣相投」，就是指彼此之間有共同的話題，溝通順暢，在個性、觀念或志趣方面有相似點，相互之間比較容易接受和欣賞對方。相信大家都有這種體會，當人們之間相似之處越多時，彼此就越能接受和欣賞對方。一個被自己接受、喜歡或依賴的人，通常受到的影響力和說服力較大。那在下面，我們來介紹一些建立有效溝通的方法：

❶ 展開話題前要留意對方態度

　　展開話題前留意一下對方的行為態度，這通常會給我們一些提示，知道那是不是一個展開交談的好機會。

　　正面的提示，包括對方有延伸接觸、微笑或自然的面部表情；負面的提示，則包括對方正在忙於某些事情、與別人詳談中，或正趕往別處去。

　　當然，我們自己也得同樣發出正面的提示，如果採取主動，跟別人先打招呼，說聲「你好」，加上微笑以示友好，很容易取得別人好感及留下好印象，從而展開話題。

❷ 語調和語速要同步

　　針對視覺型、聽覺型、感覺型不同特質的人，要採取不同的語速、語調來說話，使用相同的頻率來和對方溝通。

　　要做到語調和速度同步，首先要學習和使用對方的表象系統來溝通。所謂表象系統，分為五大類。每一個人在接受外界資訊時，都是通過五種感覺器官來傳達及接受的，它們分別是視覺、聽覺、感覺、嗅覺及味覺。在溝通上，最主要的是通過視覺、聽覺、感覺三種管道。

　　・視覺型特徵為說話速度快；音調比較高；說話時胸腔起伏

比較明顯；形體語言比較豐富。

- 聽覺型特徵為說話速度慢，比較適中；音調有高有低，比較生動；在聽別人說話時，眼睛並不是專注地看對方，而是耳朵偏向對方說話的方向。

- 感覺型特徵為講話速度比較慢；音調比較低沉，有磁性；講話有停頓，若有所思；和人講話時，視線總喜歡往下看。

面對不同表象系統的人，我們需要使用不同的語速、語調來說話，換句話說，你得使用對方的頻率來和他溝通。比如對方說話速度快，你得和他一樣快；對方講話聲調高，你得和他一樣高；對方講話時常停頓，你得和他一樣時常停頓。若能做到這一點，對我們的溝通能力和親和力的建立，將會有很大的幫助。

❸ 語言文字同步

能聽出對方的慣用語，並使用對方最常用的感官文字和用語，對方就容易瞭解及接受你傳達的資訊。

很多人說話時都慣用一些術語，或者善用一些辭彙，例如有些口頭禪。你若要與不同的人進行溝通，就必須使用對方最常用的感官文字和用語，對方會感覺你很親切，聽你說話就特別順耳，就會更容易瞭解，及接受你所傳達的資訊了。

❹ 選擇積極的用詞與方式

在保持一個積極的態度時，溝通用語應當儘量選擇體現正面意思的詞。比如說要感謝客戶在電話中的等候，常用的說法是「很抱歉，讓您久等了」。這「抱歉、久等」，實際上在潛意識中，強化了對方「久等」這個感覺。比較正面的表達，可以是

「非常感謝您的耐心等待」。

如果一個客戶就產品的一個問題幾次求救於你，你想表達你讓客戶的問題真正得到解決的期望，於是你說：「我不想再讓您重蹈覆轍。」為什麼要提醒這個倒楣的「覆轍」呢？你不妨這樣表達：「我這次有信心，讓這個問題不會再發生。」這樣說是不是更順耳？

❺ 善用「我」代替「你」

交流中我們常將或善於把「你」換成「我」，會更有利於建立親和力。

比如在下列的例子中，儘量用「我」代替「你」，會讓對方感覺更舒服些。

習慣用語：你的名字叫什麼？

專業表達：請問，我可以知道你的名字嗎？

習慣用語：你必須……

專業表達：我們要為你那樣做，這是我們需要的。

習慣用語：如果你需要我的幫助，你必須……

專業表達：我願意幫助你，但首先我需要……

習慣用語：聽著，那沒有壞，所有系統都是那樣工作的。

專業表達：那表明系統是正常工作的。讓我們一起來看看到底哪兒有問題。

習慣用語：當然你會收到，但你必須把名字和地址給我。

專業表達：當然我會立即發送給你一個，我能知道你的名字和地址嗎？

習慣用語：你沒有弄明白，這次聽好了。

專業表達：也許我說的不夠清楚，請允許我再解釋一遍。

❻ 結束話題技巧

當談話停頓得太久或雙方感到想結束話題，就應該在適當時候結束談話，這時首先要發出預備離開的訊息，例如：「阿美，我差不多該走了，我要去買些東西。」當你發出預備離開的資訊後，通常可提出再聯絡的表示，例如：「我再聯繫你，下次去飲茶吧！」也可以友善及直接地表示：「與你交談很開心，下星期有時間再出來聚一下吧！」

工作心得

在與別人溝通時，首先要明確你的主題是什麼，然後再根據你的主題，選擇適當的接近方法。善於運用溝通的語言技巧，能使彼此之間的距離拉近，這樣對方就更容易瞭解你，或接受你的意見和建議。在工作中，善於溝通更有助於我們提高工作效率，有時甚至可以達到事半功倍的效果。

要學會傾聽別人的談話

我們都有這樣的感覺，當你有高興的事或傷心的事在向別人傾訴時，如果對方仔細地聽你講，並在你當時情感的帶動下與你產生了互動，適時的微笑，分享你的喜悅；不斷地點頭，表示對你的贊同；或適時地插上兩句，表示安慰。那麼你的喜悅，就會

因有人分享和祝賀而更感喜悅；你的憂愁，就會因有人分擔和安慰而緩解甚至煙消雲散。同時，你們之間的距離會因此拉得更近，關係也會因此更加融洽。

有一句西方諺語表達了人們應更多地注重傾聽：「上帝給我們兩隻耳朵，卻只給了一張嘴巴，其用意是要我們少說多聽。」傾聽既是我們取得關於他人第一手資訊、正確認識他人的重要途徑，也是我們向他人表示尊重的最好方式，傾聽使我們成為一個回饋者，一個置自己於第二位的人。曾擔任美國哈佛大學校長的查・愛略特說過：「生意上的往來並無所謂的秘訣……最重要的是要專注眼前和你談話的人，這是對對方最大的尊重。」

聽，是人類的一種基本的內部技能，交流是聽和說的藝術，實際上，水準高的人往往是更多地去聽別人，而不是滔滔不絕地講給別人聽，在某種程度上，聽是我們在溝通中最重要的技巧。

多數人都認為自己是善於傾聽的人。然而研究表明，我們平均只發揮了四分之一的傾聽水準。很多時候我們都認為自己在傾聽。我們似乎相信，因為我們有耳朵，所以我們就在聽，猶如相信因為我們有眼睛，所以我們會讀書一樣。諸多我們沒有意識到的有關傾聽的壞毛病妨礙了我們，成為我們所自認為的那種傾聽者，比如打斷他人、易受干擾、匆匆定論、白日做夢、或陷入厭倦無聊等。

在談話時，如果能表示明白對方感受和說話背後的含義，對方則會更喜歡和你傾談，能夠促進彼此加深瞭解。所以聆聽及回應技巧十分重要。

❶ 聆聽技巧

- 集中注意，保持談話的專注和聆聽。
- 不用努力尋找話題，擔心下一步要說些什麼，我們只管細心去聽，掌握對方的說話內容、事件、意見以至感受等，因為我們在努力尋找話題時，便不能同時細心聆聽，也就錯過了一些重要的資料和字眼。
- 留意隱藏的話語。人與人之間的交談有時不很直接，有百分之九十的說話語是隱藏的，我們耳朵和腦筋要同時活動，找出隱藏的話語。在漫談中，細心留意對方說話時的內容和預期，或易地而處，會幫助瞭解對方感受或言外之意。
- 在我們靜心聆聽之時，也可以把對方的一些重要字眼和話語記下來，稍後便可作回應。

❷ 回應技巧

　　當對方用頗多時間談論自己的經驗及感受後，可用自己的話總結對方剛才講的內容。在適當時候，可用簡單的話講出對方的感受，以表示明白。當然，你可再進一步表示共同興趣。

工作心得

　　平心靜氣地傾聽對方的表達，能為溝通找到共同點。傾聽會為我們帶來朋友，傾聽會讓我們更明白對方的想法，為最終達成協定打下良好的基礎。在工作中我們要善於傾聽，傾聽能夠拉近彼此的關係，能夠為我們贏得好人緣，進而在促進人際關係的同時，提高我們的工作效率。

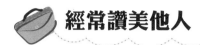 **經常讚美他人**

　　在與人溝通中，讚美是一項重要的溝通技巧。

　　在輕鬆愉悅的工作氛圍下，人們更容易發揮自己的能力，工作效率更高，任務進展的更順利；而在沉悶無聊的環境中，人們往往會增加心理壓力，還會變得莫名的煩躁，簡單的工作也會覺得無力應付。這個時候內心就會湧起一種渴望：渴望讚美和關心。有一句諺語：「唯有讚美別人的人，才是真正值得讚美的人。」渴望被人賞識、被人認可，是人基本的天性，也是職場上有效溝通、屢試不爽的技巧之一。學會發自內心地讚美別人，用讚美來取代對別人的批評和挖苦，你的人際關係會變得更加融洽。

　　晶晶自己經營一家公司，每天接待客戶，還要管稅務和財務，忙得不可開交。一照鏡子形容憔悴，幾個重要的客戶還沒有搞定，讓她忙得沒有照顧自己的時間，一絲傷感悄然襲上心頭，合作夥伴看到她的眼神和舉動，從中讀出了她的感傷，走上前去，遞給她一杯香濃的咖啡：「休息一會兒，晶晶，你永遠是最美麗和能幹的！」晶晶喝著咖啡，同時也品嚐著同事的一份關懷之情，心中不禁產生一絲暖意。

　　一句簡單的讚美之詞，就這樣吹散了晶晶心頭的陰霾。

　　讚美是一種有效的交往技巧，能有效地縮短人與人之間的心理距離。渴望讚美是人的一種天性，我們在工作中應學習和掌握好讚美這一智慧。

　　讚美別人時，我們要遵循那些原則呢？

❶ 要有真實的情感體驗

這種情感體驗，包括對對方的情感感受，和自己的真實情感體驗，要有發自內心的真情實感，這樣的讚美，才不會給人虛假和牽強的感覺。帶有情感體驗的讚美，既能體現人際交往中的互動關係，又能表達出自己內心的美好感受，對方也能夠感受到你對他真誠的關懷。

❷ 符合當時的場景

往往在此情此景之時，只需要一句就夠了，這需要敏銳的觀察力。

❸ 用詞要得當

注意觀察對方的狀態，是很重要的一個過程，如果對方恰逢情緒特別低落，或者有其他不順心的事情，過份的讚美，往往讓對方覺得不真實。所以一定要注重對方的感受，選用最恰當的用詞。

❹ 憑你自己的感覺

憑你自己的感覺是個好方法，每個人都有靈敏的感覺，也能同時感受到對方的感覺。要相信自己的感覺，恰當地把它運用在讚美中。

讚美是發自人類內心深處的對他人的欣賞，然後回饋給對方的過程，讚美是對他人關愛的表示，是人際關係之中一種良好的互動過程，是人和人之間相互關愛的體現。當內心中充滿了對他人的愛護時，讚美就會油然而生。

任何不是發自內心深處的東西，如果只是習慣性的使用，終

究會使自己的心靈受累，並且也不會達到預期的效果。當我們能夠體驗到來自內心深處對他人真誠的關愛時，我們對他人的讚美，就會顯得恰如其分，自然而然地就會贏得好感。

在日常工作中，同事之間、上下級之間也難免有摩擦，甚至會互相指責和排斥。我們不妨發掘對方的長處，把自己內心深處由衷的讚許，不遮不掩地表達出來。適當讚美可以讓對方如沐春風，讓對方放下戒備之心。

職場中激烈競爭，很多人時常處於「戰備狀態」，時刻都不敢懈怠。其實職場並非戰場，同一個公司的同事、上下級，更像同一個戰壕的戰友，或者是旅途中相偕的伴侶。讚美如花，它可以為平淡的職場增色，發自內心真誠的讚美之音，是最美妙動聽的。

工作心得

　　渴望被人讚美是人的天性。讚美能使我們的情緒平靜，感受到被關愛；讚美能有效地縮短人與人之間的距離，增進人際關係。工作中我們要善於讚美他人，因為它能夠促進人際關係網的建立，協助我們的工作，提高我們的工作效率。

學會與上司溝通

你和上司是共坐一條船的人，要想到達成功的彼岸就得同舟

共濟。那麼怎樣保證你們的工作都富有成效，並使你們都獲益多多呢？要學會與上司溝通，學會協調與上司的關係，這樣能幫助你更有效率地工作。

「辦公室情商」的高低，已成為困擾很多人晉升的一大難題。經常聽到有的人說：「有的時候都不知道自己哪句話說錯了，主管的臉就陰了。」還有越來越多的人抱怨說，每天超過一半的工作時間，都用在了「和上司的溝通」上，幾乎沒有更多的時間來照顧自己的本職工作或業餘愛好。其實這就是不會和上司溝通。和上司的溝通說難不難，說容易不容易，只要掌握了一些小技巧，就不會花費大量的時間了。這樣就有更多的時間去做我們的本職工作，就更容易把工作做好，隨之得到提升的機會就會增多了。如果溝通得不好，自己不但花了大量時間，而且收效甚微。

有些人付出了辛勤的努力，卻只得到可憐的回報，或者總是受到批評而不是表揚，而且只要他們聽到上司一句刺耳的話，他們就會感到如坐針氈、前途無望。他們面對上司的時候，總是唯唯諾諾，大氣都不敢喘一下，對於上司的苛刻要求也不敢反駁，只能被動接受。為什麼會出現這樣的情況呢？因為他們真的不知道有什麼更好的方法去和上司溝通。

之所以說與上司的溝通很重要，是因為通過溝通，才能使你的上司瞭解你的工作作風，確認你的應變與決策能力，理解你的處境，知道你的工作計畫，接受你的建議，這些回饋到上司那裏的資訊，讓他能對你有個比較客觀的評價，並成為你日後能否提升的考核依據。

怎樣才能和上司溝通好呢？

　　首先，你要知道你的上司是個什麼樣的人。你的上司是個只願把握大局的人，還是個事無鉅細、事必躬親的人？如果你向一個只願把握大局的人，彙報上一大堆的專案資料，那麼你倆很快就都會煩的。一位只願把握大局的上司，會認為你該把所有基礎工作都做好，而他只注重結果。如果你早些瞭解上司的個性，你倆的溝通就會愉快得多。

　　作為一名下屬，要吸引上司的目光，溝通是很重要的手段。話不說不清，理不道不明。溝通有時候能起到預想不到的效果，尤其是人與人有了誤解，甚至是隔閡的時候，這時溝通的藝術就顯得非常重要。就算面對上司的冷淡態度，你也千萬不可意氣用事、橫眉冷對或無動於衷，積極的態度應該是心平氣和地找上司進行溝通。注意，一定要找個適合談心的場所，並選擇好的時機，在整個溝通過程中，營造出自然隨意的氣氛。

　　經驗告訴我們，良好的溝通秘訣是仔細地思考、計畫和定期檢討，不強行違背上司的意思。由於對上司的指令沒有即時反應，或不能迅速貫徹他的意圖，從而讓他記住你，這就會影響到你在他心目中的形象。比如老闆說：「這個生意利潤太低，我們不要再做了。」你可能會因為前期投入較多的時間和精力，而對這種放棄的決策心存不甘，甚至因為你沒有即時通知你的下屬終止實施計畫，從而使一切工作按照你原定的計畫和步驟進行了，那麼在這種情況下，請想一想，如果你是老闆，又會怎樣看待這樣的下屬，你會對違背他命令的人委以重任嗎？所以如果你不能通過溝通，委婉地表達出你的想法，並且讓上司採納你的建議，那麼就一定要把上司的決定，在第一時間傳達給有關工作人員並執行，絕不能耽誤工作，影響工作效率。

　　遇到公司出了一些意外，但是闖禍的不是你，而老闆卻指名要聽你對這件事的態度。如果是這種情況，你要與上司溝通，你的態度需模稜兩可，躲開是非，前提是自己絕對沒有參與這個事件，你在說話時可以先說：「只是聽說了一些而已。」那從你嘴裏說出的後面的內容，就不足以作為你的看法，但卻也有你的意見。你一定不要對肇事者落井下石，也不要什麼也不談。溝通的技巧是跟老闆先說清楚，從公司的立場出發，你覺得某人某事有些問題，從私人角度來看，這些話是你不願意說的，並且說明僅僅就事論事，不針對個人發表任何情緒性評價、總結。

　　上司是與你有根本利益關係的人，所以你在溝通的時候必須多做權衡。事實上，過猶不及的拍馬屁和圖口舌之快的個人主義者，上司都不喜歡，聰明的老闆最看重溝通的是：效果。

工作心得

　　和你的上司處好關係，永遠是職場人士必須熟記的生存守則。升職也好，加薪也罷，你的前途和命運，有絕大部份的「股份」握在上司的手裏。所以學會與上司溝通，是關係到能否提高工作效率，能否升職加薪的關鍵。

與同事保持良好的溝通

　　同事之間畢竟存在個人性格、職位性質、工作側重點的差

別，日常工作中發生各種小矛盾難以避免。那麼在工作中，怎樣才能和同事溝通得順暢愉快呢？

同事之間因為存在利益方面的衝突，會讓溝通變得較為複雜，每當這種時候，要盡可能將問題轉變得簡單一些。溝通時，最關鍵的依然是搞清楚你們雙方角色的關係，尤其是利益上有明顯衝突而進行溝通時，你不要過多地關注自己的利益，可適當地放一放利益上的衝突，否則溝通進程就無法繼續下去。應該看到，既然利益是雙方共同的關注點，那麼如果在溝通的時候，你能自覺考慮到對方的利益所在，則溝通自然可以變得順暢起來。

要意識到，同事之間因為工作關係而彙集在一起，就應該有最起碼的團體意識，以大局為重，自覺維護已經形成的利益共同體。尤其是在與外單位人員進行交際時，頭腦中要存有「團隊形象」的觀念，多給同事補台不拆台，不要只為個人小利而損害了團體大利，你要努力做到「家醜不外揚」。

同事之間因為經歷、立場等方面的不同，對同一個問題，常常會產生差異極大的看法，以致引發激烈爭論，稍不小心就容易傷了同事之間的和氣。所以跟同事相處，發生意見分歧時，不能過分爭論是非對錯。從客觀上分析，任何人接受一種新觀點都需要時間。從主觀上分析，人時常都有「好面子」、「愛爭強好勝」的心理，當同事之間誰也不服誰，這時若是過份爭論，就非常容易激化矛盾，而不利於以後工作的開展；也不要一味「以和為貴」，涉及原則問題就要堅持，不能隨波逐流，刻意掩蓋矛盾。如果一味忍讓不堅持原則，往往就會讓公司遭受一些創傷，從而影響工作前程。

面對問題，尤其是存在較大分歧時，要努力尋找共同點，爭

取求大同存小異。即使確實不能求得一致時，也不妨冷處理，明確表達「我難以同意你的觀點，我保留我的意見」，這會使爭論逐漸淡化，同時又保持了自己的立場和態度。

與同事相處要有平常心。有的人因為同事要升職或者加薪，就會心生嫉妒，甚至在人背後散佈流言，說一些詆毀他人的風涼話。如此既不光明正大，又於己於人都產生負面作用，所以對待升遷等問題，要始終持有一顆平常心，要欣賞比自己強的同事，要主動學習，禮貌待人，這樣才能與同事保持良好的溝通。

在一個公司裏，要是少數幾個人交往過於親密，極易給人造成有意拉小圈子的印象，極易讓別的同事產生猜疑心理，更使一些心理不太健康的人，產生「是不是他們又在談論別人是非」的糟糕想法。所以在跟同事交往時，要注意保持適當距離，以防被捲入小圈子。與人友好，但不能故意討好，與每個同事都保持適當距離，使彼此溝通順暢即可。

同事之間難免時常發生一些磕磕碰碰，在與同事有矛盾衝突時，要勇於主動忍讓，從自身方面尋找原因，設身處地從對方的角度多為對方想想，防止矛盾激化。如果是自己錯了就要勇於道歉，以誠心換誠心，消除隔閡，實現和好。這樣以後相處才能愉快，對工作也是有好處的。因為沒有壞情緒，工作起來就輕鬆，就能提高工作效率。

工作心得

　　與同事溝通尤其要注意細節，注意場合與氣氛，溝通的話題要與周圍環境相吻合，這樣溝通起來能得心應手。要善於運用非語言方式，例如運用拍拍肩、豎起大拇指等肢體語言進行溝通。溝通時要注意態度，要懂得運用「讚美」這把金鑰匙，學會先說「是的」，然後再解釋，以共贏作為溝通的最終目標。

會議溝通的技巧

　　會議溝通的成功，得益於在溝通時大家都有明確的溝通目標，並且有明確的時間限制。在溝通過程中，大家積極主動，善於傾聽，注重發言者的每一個細節，都為達到目標而不斷努力。只有掌握一些會議溝通技巧，才能促進會議溝通的順利進行。

　　人們召開會議的最終目的，無非是解決問題，而廣泛徵求每個與會人員的意見和建議，則是解決問題的基礎。因此當每一位與會人員都能有效地運用會議溝通技巧，充分表達自己的想法時，會議效率將會大大提高。會議能夠順利進行，取得圓滿成功，就為以後的工作打下一個良好的統一思想和策略的基礎。

　　在會議上，你想要準確、有效、迅速地表達自己的真正意

見，就要注意以下幾個技巧。首先，事先收集足夠的相關資料，以問題代替直接陳述，才不會阻斷自己獲取更多資訊的機會，也才不會招致別人的負面情緒。如果你不瞭解整個情況，那千萬不要妄下結論。例如千萬不要說「這樣做是永遠都不會成功的」、「你那樣的建議一點意義也沒有」、「當時的情況不是你說的那個樣子」。你要學會有技巧地表達，你可以這樣說：「我目前手上有的資料，還沒有辦法證明這樣做會更好，你可不可以再向我多提供一點資訊」、「我會好好考慮你的建議的，那麼對於這件事，大家還有別的不同建議嗎」、「我想我們可以把當時的情況再細細地分析一下，是不是會更好」，用詢問的語氣徵求別人的贊同，要比強硬地陳述壓迫別人的心聲好很多。你的詢問既給別人面子，又給自己找了臺階；既尊重了別人，又贏得了別人的贊同。

在會議上，你要把焦點對準大家共同的目標。一般會議溝通的目的，都是事先就有的，在會議進行過程中，一定要注意引導大家，不要偏離會議的主題。如果有什麼分歧，你要儘快提醒大家，確認你們的目標是一致的。會議是讓大家得到更好的溝通，一起總結以前的經驗教訓，共同預定以後的工作進程，期望以後完成工作任務的方法、形式，工作意識達成一致，以提高工作效率。要明白會議的召開，不是為了招致大家更大的分歧和誤會，而是要集中智慧，共同解決先前出現的問題。

在你聽完別人的彙報後，就要準備提供正面的指導回饋。積極的回饋是一種正面的強化指導，也就是一般意義上的表揚。你也要提一些建設性回饋，建設性回饋是一種勸告指導，也就是一般意義上的批評。批評要注意方式，既要達到回饋的目的，又不

能傷害別人的自尊。

如果你要表達負面的建議，或者是一些否定的觀點，那你一定要注意溝通語言的分寸。首先，你要強調你們是站在同一個陣營裏的，而不是敵對的雙方；然後要表達你只是善意地提醒，並沒有批評怪罪的意思，也許你們只是方法、路徑不同而已。例如切忌不要說「這不是我做事的方法，我的標準很高」、「你這樣做我不同意」等諸如此類的話。你可以有技巧地表達，委婉地說出你的建議：「對於這樣做我有些擔心，尤其可能對顧客有點兒不禮貌，我想提出另外一種做法，可以達到相同的目標。聽一下我的建議好嗎？」在給別人提建議時，千萬不要讓別人誤會成是你想把他擠出會議室，覺得你對他懷有偏見，你想貶低他的價值。一旦讓人有了這樣的想法，產生了誤會，那會議就很難順利進行了。

如果你是會議的主持人，你一定要注意與其他與會人員的溝通技巧。適當地詢問，會引導積極地發言，但千萬不要問封閉式的問題。例如你這樣詢問：「小李，你同意這個觀點嗎？」這就是一個封閉式的問題。你這樣問就等於給出了兩個答案，讓小李只能選擇其一。如果你這樣詢問：「小李，你對這個問題怎麼看？」就可以引導小李積極發言了。同一個問題這樣提問，就是一個開放式的問題。

有效的會議溝通，不但可以解決問題，而且能夠建立一種和諧的企業文化，它可以大大降低由於溝通不暢所帶來的巨大的內部合作矛盾，增加企業整體的工作效率。不管你是正在成長的職場新人，還是辦公室的資深前輩，重視會議溝通，學習、掌握會議溝通技巧，都是很有必要的。

工作心得

　　工作中開會是少不了的，如何開得有效，即產生目的和結果呢？一是要認可別人的工作能力，給予必要的鼓勵；二是要把握自己的語言分寸；三是要增進與會人員的資訊和情感的交流，理解所有與會人員。開會是一種群體溝通，成本比較低，對解決跨部門的協調問題尤其方便。良好的會議溝通的結果，會得到人們的一致贊成，具有權威性，這將進一步指導所有人提高工作效率。

如何與客戶溝通

　　如何與客戶溝通，各個行業有各個行業的特點，不可能有一個公式讓你去強記，即便有也不一定對你的行業適用。但在溝通的時候，讓客戶意識到你是處處在為他們著想，那客戶自然也不會不近人情。

　　我們要帶著人情味與客戶溝通。與客戶溝通，不應該是死板的公事公辦，要先做朋友，後做生意。有首歌曲唱得好：「千里難尋是朋友，朋友多了路好走。」不管哪一行來說，與客戶做朋友，都是與客戶良好溝通的先決條件。什麼工作都離不開良好的人際關係，與客戶做朋友，建立良好的人際關係，以誠相待很重要。

　　與客戶溝通，就要做到心中要有客戶。要與客戶溝通，首先要進行細緻充分的準備工作。要研究客戶、瞭解客戶，一定要摸清客戶的狀況，針對對方企業的形象、品牌、行銷等各方面，進行初步的了解研究。同時還要瞭解客戶的競爭對手情況，以一個旁觀者的客觀立場，來看客戶的產品質的好壞、有沒有市場、廣告促銷活動的成敗等情況，客戶往往對這些問題是比較感興趣的。如果你看到了他們沒看到，或看到了卻忽略了的問題，他們馬上會感到你確實是誠心誠意幫助他們企業。這樣一旦和客戶取得聯繫，進行溝通，客戶就容易和你一拍即合，很容易就贏得與客戶生意上的合作。相反，如果對客戶企業的現狀、產品生產情況、競爭對手、以往的廣告促銷活動一無所知，和客戶面對面坐下來，你半天說不出個所以然來，客戶就會感覺你們公司對他們企業不會有太大的幫助，你沒有能力讓他們滿意，你不斷地重申要求合作，只是在拖延他們寶貴的時間，浪費他們的精力。那下面的合作洽談就很難進行了，甚至都不需要進行了。溝通的準備、市場調查研究很重要，摸清對方的真實想法很關鍵。

　　在贏得與客戶洽談的機會後，一定不要因一些與洽談無關的小事，而錯過合作的機會。有這樣一個例子，劉小姐要和合作方的某位董事見面，為了讓自己在洽談的時候顯得尊貴大方，她特意買了一個名牌手鍊和昂貴的鑽石項鍊。她想，現在的大老闆都是一身名牌，自己一定不能太寒酸了。那天劉小姐跟董事約好，要洽談一項重要的投資，這個專案是劉小姐一手操辦的，如果能得到該董事的合作機會，她在公司中的威信，就可以增加了好幾倍。

　　因為這位董事特別忙，所以能得到董事約見一小時的劉小姐

是異常興奮的。為此她準備了好幾天。劉小姐對自己的裝扮也費了一番心思，她走進董事的辦公室時，昂首挺胸，故意搖晃手看手鏈。「你有什麼不適應嗎？」董事一面伸手請她入座，一面說。

劉小姐趕緊說沒事，又晃了晃手鏈，還整理整理了脖子上的秀髮。然後才打開皮包，拿出準備許久的資料，鄭重地遞給董事，左手尤其舉得更高些，露出那串手鏈。董事接過資料，一頁頁地認真翻看起來。劉小姐靜靜地等著，想起自己的名牌手鏈和鑽石項鏈，心裏就添了幾分自信，所以就把手一會兒放到桌子上，一會兒整理整理頭髮。心想，董事不時地抬頭，準能看到自己的「尊貴」了。可是不料，董事把資料還給了劉小姐，笑笑說：「構想不錯，但是我們需要時間慢慢商量，我看妳也很著急，我們就改天再談吧！」接著，董事就按對講機，叫秘書進來送客了。劉小姐急著說不忙，可是已經晚了。

她哪裡知道，她那些自以為會讓人覺得「尊貴」的小動作，卻引起了那位董事的反感。董事認為她是一個很虛榮的女人，對一些可以忽略的與洽談無關的小情節都那麼上心，那樣哪還有更多的精力去實施計畫呢？簡直是分不清輕重。這次洽談的失敗，就是典型的因小失大。與客戶溝通的是合作事宜，可是劉小姐的行為舉止簡直就是離題了，還怎麼會贏得與客戶的合作機會呢？

在工作過程中這種狀況是時常發生的，由於對溝通內容理解的不同，所以雙方沒有達成協定，影響了工作的成功，給雙方都增加了麻煩。所以要正確理解需要與客戶溝通的內容，做到想客戶所想，急客戶所急。

想要與客戶順暢溝通，最終達成合作協議，完成工作任務，

就要想客戶所想。你要站在客戶的立場上，想一想他們需要什麼。現在真正有實力的客戶很多，如何能把他們都變成自己的客戶呢？答案是要為客戶著想。省錢、效益就是客戶所想。為客戶省錢，才有機會賺錢。為客戶省錢，不會影響你的工作進程，也不會影響你的工作效果。只是讓你盡力為客戶著想，這樣才能與客戶良好溝通，博得客戶的信任，這樣你就能提高工作效率，完成工作任務。

工作心得

　　具備深厚的知識儲備，擁有豐富的人生經驗，還有專業的敬業精神，可以讓你與客戶更快地建立起良好的溝通氣氛，有助於讓客戶增加對你的個人魅力的評分，會更好地促進業務的談成。

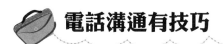

電話溝通有技巧

　　良好的電話溝通技巧，可以幫助你與他人建立更穩固的關係。無論接聽電話還是撥打電話，我們都要做到合理、得體。

　　電話溝通時，需要注意以下問題：

❶ 迅速準確地接聽

　　現代工作人員業務繁忙，桌上往往會有兩、三部電話，聽到電話鈴聲，應準確迅速地拿起聽筒，接聽電話以長途電話為優

先，最好在三聲之內接聽。電話鈴聲響一聲大約三秒鐘，若長時間無人接電話，或讓對方久等是很不禮貌的，對方在等待時心裏會十分急躁，會對你的單位留下不好的印象。

即便電話離自己很遠，聽到電話鈴聲後，附近沒有其他人，你也應該用最快的速度拿起聽筒，這樣的態度是每個人都應該擁有的，這樣的習慣是每個辦公室工作人員都應該養成的。如果電話鈴響了五聲才拿起話筒，應該先向對方道歉，若電話響了許久，接起電話只是「喂」了一聲，對方會十分不滿，會給對方留下惡劣的印象。

❷ 認真清楚地做好記錄

隨時記清楚何時、何人、何地、何事、為什麼、如何進行，在工作中這些資料都是十分重要的，對打電話、接電話，具有相同的重要性。電話記錄既要簡潔又要完備。

❸ 有效的電話溝通

公司的每個電話都十分重要，不可敷衍。我們要對對方提出的問題，應耐心傾聽，表示意見時，應讓對方能適度地暢所欲言，除非不得已，否則不要插嘴。期間可以通過提問，來探究對方的需求與問題。注重傾聽、理解與建立親和力，是有效電話溝通的關鍵。接到責難或批評性的電話時，應委婉解說，並向其表示歉意或謝意，不可與對方爭辯。

電話交談事項，應注意正確性，將事項完整地交代清楚，以增加對方認同，不可敷衍了事。如遇需要查尋資料或另行聯繫之查催工作，應先估計可能耗用時間之長短，若查閱或查催時間較長，最好不讓對方久候，應改用另行回話之方式，並儘早回話。

❹ 掛電話前的禮貌

要結束電話交談時，一般應當由打電話的一方提出，然後彼此客氣地道別，應有明確的結束語，說一聲「謝謝」、「再見」，再輕輕掛上電話，不可只管自己講完就掛斷電話。

電話應對所反映的是企業的風貌、精神、文化，甚至管理水準、經營狀態等。因此你如果在電話應對上表現不當，就會導致外部人員做出對企業不利的判斷。

下面我們再來介紹一下在電話溝通中聲音與語言的運用，都需要注意哪些問題：

❶ 熱情

一定要注意自己講話是否有熱情。想一下，在電話裏交流時，如果你板著臉不笑，講起話來相應的也很難有熱情，所以這種熱情程度跟你的身體語言，有很大的關係。你要盡可能地增加你的面部表情的豐富性，如果你希望靠熱情來影響對方，你的面部表情就一定要豐富起來，要微笑。

❷ 語速

在增強聲音的感染力方面，還有一個很重要的因素就是講話的語速。如果語速太快，對方可能還沒有聽明白你在說什麼，你說的話卻已經結束了，這勢必會影響你溝通的效果。當然也不能太慢，你講話太慢，假如對方是性子急的人就肯定受不了。所以打電話時的講話語速要正常，就像面對面地交流時一樣。

❸ 音量

你講話的音量很重要，聲音既不能太小也不能太大。打電話

時說話的聲音太小了，容易使對方聽不清或聽不明白；打電話時說話的聲音太大了，會降低再聽微小聲音時的靈敏度。

此外，你自己不太注意時，音量會變小一些，小聲說話會給客戶一種不是很自信的感覺。但聲音太大的話，又顯得對客戶不太禮貌。所以應儘量要保持音量正常。

❹ 清晰的發音

清晰的發音可以很好地充分表達自己的專業性。清晰跟語速有一定的關係，如果語速較慢相對就會清晰一些。這裏需要強調的是，寧可語速慢一些，講話時多費一點時間，也要保持聲音的清晰。

❺ 善於運用停頓

在講話的過程中，一定要善於運用停頓。例如在你講了一分鐘時，你就應稍微停頓一下，不要一直不停地說下去，直到談話結束。因為你講了很長時間，但是你不知道對方是否在聽，也不知道對方聽了你說的話後，究竟有什麼樣的反應。

適當的停頓一下，就可以更有效地吸引對方的注意力。對方示意你繼續說，就能反映出他是在認真地聽你說話。停頓還有另一個好處，就是對方可能有問題要問你，你停頓下來，他才能藉你停頓的機會，向你提出問題。

工作心得

　　利用電話來進行溝通，已經成為我們現代人的主要交流方式。掌握好電話溝通技巧，會提高我們的工作效率。因為電話溝通對我們來說，不僅快捷方便，而且更減少了要見面時增添的很多不必要的麻煩，節省了時間。

避免溝通誤區

　　人們之間的相互溝通，不是一件容易的事，由於我們會受到來自各種不同方面因素的影響，在工作中，與上司、同事、下屬之間的溝通，往往存在著一些誤區：

❶ 對上溝通沒有「膽」

　　程式設計師小劉，有一陣子老是受到上司的冷落，儘管小劉的業績比較突出，可是在業務會議上，上司很少表揚他，倒是那些業績平平的同事，成了上司心目中的新寵。小劉幾次想跟上司溝通，詢問上司對他的看法，可小劉每當想敲上司的辦公室門時，又猶豫起來，趕緊縮回手。直到有一天，還沒到公司統一發薪資的日子，上司卻通知他去財務部領薪資，他才知道被公司解聘了。他百思不得其解。原來公司老闆聽說小劉在外偷偷做兼職，有吃裏扒外之嫌。

其實小劉是受冤枉的，他根本就沒有在外兼職，是他的同事嫉妒他業績出眾，打了小報告誣陷他的。如果小劉及時地跟上司溝通，弄明白上司冷落他的原因，予以澄清解釋，事情就不會發展到如此的地步了。

❷ 平級溝通沒有「肺」

在現實生活中，平級之間有時常以鄰為壑，缺少知心知肺的溝通交流，因而相互猜疑或者「挖牆腳」。這是因為平級之間都過高看重自己的價值，而忽視對方的價值；有的是人性的弱點，盡可能把責任推給別人；還有的是利益衝突，唯恐別人比自己強。

一個優秀的企業，強調的是團隊的精誠團結，密切合作。因此平級之間的溝通十分重要。平級之間要想溝通好，必須開誠佈公，相互尊重。如果雖有溝通，但不是敞開心扉，而是藏著掩著，話到嘴邊留半句，那還是達不到溝通的效果的。

❸ 對下溝通沒有「心」

有些企業領導人，錯誤地認為決策是主管做的，部下只需要執行上級決策，不需要相互溝通。其實溝通是雙向的。主管要使決策合理和有效，必須要廣泛搜集資訊、分析資訊，才能做出科學判斷。

在實際工作中，影響對下溝通的主要因素，就是領導沒「心」，缺少熱忱。一些企業領導人也注意跟員工的溝通，但是由於沒有交心，「隔靴搔癢」，溝通的效果也就大打折扣。上級對下溝通，關鍵是要用心去溝通。

　　溝通的資訊是包羅萬象的。在溝通中，我們不僅傳遞消息，而且還表達讚賞之情、不快之意，或提出自己的意見觀點。從表面上來看，溝通是一件簡單的事。有的人認為只要有溝通的意識，主動溝通是水到渠成的事，不需要學習溝通技巧；也有人認為只要掌握了溝通技巧，溝通其實很簡單。但在實際工作中，我們還存在著許多的溝通誤區。

　　在日常工作中，我們具體要避免那些溝通誤區呢？

‧以命令或祈使句開始，似乎對方「必須」為自己做事，令對方不自覺間就產生了抵觸情緒。

‧誤以為對方「應該」知道自己的意圖、感受、心思、意願，結果就忽視了溝通目的的闡明，以及溝通背景資訊的交流，使溝通缺乏有效性的基礎。

‧急於表達自己的意見，卻沒有首先傳達對對方的意見的理解，結果是誤解與曲解頻頻發生，而在發生了不理解之後，雙方陷於不斷的自我辯解與相互指責之中不能自拔。

‧過多地對動機懷疑、猜測，把自己的敵意投射到對方身上，這樣就導致各自為捍衛自尊而發生爭執，無法冷靜面對。

‧將需要溝通的範圍擴大化，結果是把對具體問題的批評，上升到人格水準，溝通演化成人身攻擊。

‧動輒傾向於否定對方的意見，比如以「不」、「不是這樣的」等辭彙開頭說明自己的意見，而不是在復述對方意見的基礎上進行反駁，開展相互批評。這樣容易發生一連串的曲解，使溝通陷於僵局。

‧提出要求時，沒有充分地尊重對方的選擇與拒絕的自由權

利，總是以自己的想法來逼迫對方做自己希望的事情，這種情況下接受方就是接受了，但也是勉為其難的。心中不服，便為下一次的溝通埋下了禍患。

· 發生分歧時，把過去的事情一連帶出來，游離了溝通的主題，使溝通變成了一場自由聯想，或憶苦思甜式的批鬥會。

· 強行一致的溝通，即非取得相同意見不可，缺乏靈活性，沒有任何周旋與保留餘地，這樣很容易使溝通走進死胡同。

· 一次就多個問題進行溝通，使溝通的目的散漫，使問題複雜化，使溝通低效。

· 不選擇合適時機、地點的溝通，比如在雙方情緒波動很大的時候試圖溝通，結果常常是火上澆油，適得其反；又比如在有些資訊準備不充分時，交流也很無益。

· 溝通時過分理智化，忽視了情感因素的潤滑作用，這一點在關係本來比較僵硬時，特別應當引以注意。

· 某些溝通的非語言化，是非常有害的溝通方式，如很多人只知道摔東西、拍桌子、大吼大叫、鬧脾氣，這種非語言化的溝通，一般都是有破壞性的。平常我們主張盡可能以語言的方式來交流，尤其是負性的情緒、不滿等。如果你對對方說「你的做法讓我很生氣」，你的氣也就可以消去一半了。

· 無限延長溝通。尤其是對於那些不同意見的溝通，一定要掌握合理的尺度，每當意見交換得差不多時，就要宣告這個問題的溝通暫告一段落。

- 在沒有認真傾聽的基礎上的溝通。理解不充分，共情不到位，沒有瞭解對方的意思，無法靜心聽清楚，都是導致溝通失敗的原因。
- 很努力地想分對錯、找誰是責任者的溝通，是無效溝通，它只會導致關係進一步惡化。
- 沒有善意的溝通也是無效的。溝通者必須本著建設性的想法投入，才能取得理解。
- 不斷地指望對方闡明態度，而把自己的態度隱藏起來的做法，對於溝通是很有害的。這種做法的起源在於不安全感，生怕言多必失，結果卻令人感到不真誠，使對方產生防備心理。
- 不斷表白、搶話頭是不良的溝通。它表明溝通者沒有自信，缺乏聽取他人意見的能力。
- 不顧及自己說話的段落、意思的完整性，一直說下去，是對對方感受的不尊重。尤其是當對方有不良反應時，應當停下來瞭解對方的不同看法與體驗。
- 不明白的地方不把自己的理解講出來，也不詢問對方是否是那個意思，就胡亂猜測。這是很有害的溝通方式，會產生大量的失真資訊。

工作心得

　　做任何事情都離不開溝通，因為任何事情都是會跟人聯繫起來的。我們在工作中，要避免溝通誤區，因為只有透過溝通清除障礙，我們才能提高工作效率，才能提升工作業績。

Chapter

8

提升自己的工作能力

　　要想提高工作效率，就要提升自己的工作能力，因為能力提高了，效率自然就提高了。掌握扎實的理論基礎，可以說是工作能力中的最基本的一項能力，然後就是良好的專業技能了，也就是理論與實踐的結合，所以要提高動手能力。同時還要具備一定的學習能力、思考能力、應變能力、心理承受力、團隊合作能力，提升一下自己的綜合素質。

擁有扎實的專業理論知識

　　在知識經濟時代，日益激烈的人才競爭中，熟練掌握相關專業知識和技能的求職者，將立於不敗之地。雖然德才兼備的人，不一定都能獲得成功與輝煌，但成功輝煌者，肯定是德才兼備的人。「德」是素質，「才」就是專業理論知識。有了扎實的專業理論知識，就為提高工作能力打下了一個堅實的基礎。

　　要想提高自身的工作能力，優化專業知識結構，提高自身的專業知識和專業技能是最根本的。

　　劉雲畢業於某著名大學國際貿易系，在校成績優異的她，除了能說一口流利的英語，還考取了電腦、會計等相關方面的證書。畢業後，她被一家外貿公司錄用。劉雲扎實的專業知識和相關的技能，使她輕鬆地進入了待遇很好的公司，有了不錯的工作。

　　要想具備扎實的專業知識，就要有學習的衝勁。劉雲之所以有那麼扎實的理論知識，是因為她有一股學習的勁頭。在以後的工作中，她也從未懈怠過。她在公司的工作情況不錯，也一直特別愛學習，剛參加工作的第一年，她幾乎每個週末都去一些培訓機構參加各種技能、知識的培訓，這對她以後的工作很有幫助。

　　幾年後，她的專業知識更加精純。隨著時間的推移，她的工作效率也不斷地提高，工作能力也是日益攀升。公司又決定給她一個深造的機會，讓她出國學習更有很大實用價值的管理知識。通過不斷的學習和實踐，她的工作能力也從一個層面到另一個層面，從低到高，從淺到深，不斷得到提升。多年的理論學習不僅

充實了自己，而且為她的職業生涯鋪平了道路。

理論知識既包括專業理論知識，也包括相關理論知識。科學技術飛速發展，知識更替日新月異。希望、機遇、挑戰，隨時隨地都有可能出現在每一個社會成員的工作之中。抓住機遇，尋求發展，迎接挑戰，適應變化的致勝法寶，就是突出的工作能力。在不斷強調社交能力、思考能力、心理素質及提高工作效率和工作能力的同時，千萬不要忘了專業知識才是最重要的工作能力，工作能力的基礎，就是專業理論知識的掌握。

有了扎實的理論知識做基石，再提高各方面的綜合素質，才會提高自己的工作能力，把工作做得有聲有色。一個人要是沒有扎實的理論知識，單憑一些外在的、華而不實的東西找到工作，那工作肯定是不會長久的。因為專業知識匱乏的人，瞎混可以，但踏實做事肯定不行。這種人工作能力太差，一般也不會被重用。可見，我們平時應好好利用自身的人際關係，多學習，儘快完善自身的專業知識，讓自己成為一個高效率的人才。

工作心得

扎實的理論知識可以指導我們的工作，並轉化成工作效率。多學理論知識，並非只學本職專業的理論知識，熟練掌握與本職工作相關的各方面的知識，都有助於工作效率的提高。比如現在很多工作都離不開電腦，熟練地操作電腦，就可以間接地提高工作效率。

掌握必要的工作技能

如今，如何儘快提升自身技能以獲得競爭優勢，是我們都應重視和學習的問題。

有很多工作是專業性很強的，比如醫生、技工、研究人員，一旦有什麼技術疏忽，造成的後果是不堪設想的。但是你要是掌握了必要的工作技能，事情也許就會化險為夷、化危為安。

孟飛所從事的行業，屬於高溫高壓、易燃易爆、有毒有害的高危險行業，別看工廠裏表面上平靜，但他們都就像坐在火山口上，絲毫都不能大意。要想把工作做好，必須有扎實的理論基礎武裝頭腦，有精湛的操作技能掌握在手。這樣在遇到突發的生產波動異常情況，才能即時判斷並正確處理，確保了裝置安全平穩運行。

有一次孟飛當班，公司供電因雷雨天氣出現波動，公司裝置的十多台機器出現異常，情況非常緊急。他沉穩應對，迅速安排各崗位操作員啟動事故預備方案。當他發現有兩台機器無法正常啟動時，一邊火速聯繫電工前來處置，一邊馬不停蹄地對某化學物質輸送實行改線，確保流程暢通。由於處理得當，未造成事態擴大和品質波動等嚴重後果。現在他回想起來，覺得是技術專業幫了大忙。

其實不僅僅是技術類的工作，需要具備必要的工作技能，任何工作要想把它做好，都是要求有一定的工作技能的。

有一個公司老闆聘用了一個年輕人做他的司機，年輕人的工作很輕鬆，而且每月可以按時領取屬於自己的那一份薪水。

　　換了別人就會過一種優哉的日子，但這個年輕人卻不同。他並不滿足於此，經常代老闆寄發一些郵件，處理一些手頭上的問題。這樣一來，他對老闆公司的一些業務也瞭解了很多。

　　漸漸地，當老闆有事情分不開身的時候，就會讓他代為處理。為了瞭解公司業務更多的資訊，他還在下班後回到辦公室繼續工作，不計報酬地做一些並非自己分內的工作，而且在超越自己的工作範圍內，也力求做得更好。

　　有一天，公司負責行政的經理因故辭職，老闆自然而然地就想到了他。在沒有得到這個職位之前，他已經身在其位了，這正是他獲得這個職位的重要原因。當下班的鈴聲響起之後，他依然坐在自己的崗位上，在沒有任何報酬承諾的情況下，依然刻苦訓練，最終使自己有資格接受這個職位，並且使自己變得不可替代了。如果不是他之前的努力，他是不能勝任行政經理這個職位的。瞭解業務資訊，處理業務資訊，也是一種工作技能。沒有這項技能，沒有這個工作能力，他就不會有機會得到老闆的青睞。

　　無論你目前從事哪一項工作，一定要使自己多掌握一些必要的工作技能。在你主動提高自己的工作技能時，你應當明白，自己這樣做的目的，並不是為了獲得金錢上的報酬，而是為了使自己將來發展得更好。更重要的是，你必須多掌握一些必要的工作技能，然後才能在自己所選擇的終身事業中，成為一名傑出的人物。

　　現代社會講求高效率、高速度，激烈的競爭和快速的變革，使企業對人才的要求越來越高，各行各業都急需高素質、職業化的專業人才。如果你想提升自己在老闆心目中的地位，就要掌握必要的工作技能。因為必要的工作技能，就是工作能力，能夠提

高工作效率。哪個老闆不喜歡工作能力強、工作效率高的人呢？

工作心得

　　隨著經濟快速發展和產業結構調整，如果一個人的動手能力強，職業素養好，他一定備受企業歡迎。因此擁有良好技能的人，有更多的工作機會和晉升的機會。所以掌握對自己所從事工作有所幫助的專業技能，顯得尤為重要。

 # 培養學習能力

　　隨著工作壓力的不斷增加，我們難免會接觸到很多新的工作領域。越來越多的挑戰，需要我們去面對。所以工作之餘進行自我充電是非常必要的。培養良好的學習能力，對我們的工作是很有好處的，它能很快提高工作能力，讓我們面對工作能夠遊刃有餘。

　　充電可以自學、廣泛地閱讀書籍。你可以選擇內容各異的書籍，去主動購買或者從圖書館借閱。從當下流行的名人傳記，到純文學的長篇小說；從經濟企業管理，到一些地理類的專業圖書；從趣味盎然的民間故事，到景色秀麗的旅遊勝地集錦……大量閱讀書籍，能讓你吸收足夠的養分，在豐富你業餘生活的同時，也會增加你的見識、擴展你的思維空間。在與外界交流時你會更自信。你會由一個沉默寡言的人，變成一個能說會道的、有

見解的人。

最有效率的學習狀態就是身心放鬆，精神集中。也只有保持這種精神集中的放鬆狀態，才能確實掌握學習的內容，並且牢記在心，適時地運用到工作當中。

那麼為了進入集中精神的放鬆狀態，我們該怎麼做呢？

保持良好的注意力，是大腦進行感知、記憶、思維等認識活動的基本條件。在學習的過程中，注意力是打開我們心靈的門戶，而且是唯一的門戶。門開得越大，我們學到的東西就越多。在正常情況下，注意力使我們的頭腦活動朝向某一事物，有選擇地接受某些資訊，而抑制其他活動和其他資訊，並集中全部的心理能量，用於所指向的目標。因而良好的注意力，會提高我們工作與學習的效率。

善於排除干擾，在這裏要排除的不是環境的干擾，而是內心的干擾。因為內心的干擾，常常比環境的干擾產生的不良影響更嚴重。環境可能很安靜，在工作學習中，周圍的人都很安靜地坐著。自己內心卻有一種無名的騷動，有一種與學習不相關的興奮。它干擾著我們的情緒活動，讓我們不能安下心來好好學習。對於各種各樣的情緒活動，我們要善於將它們放下來，讓它們消失於無形。比如你可以試著坐下來，使身體放鬆下來，並且使整個面部表情都放鬆下來，也就是將內心各種情緒的干擾，隨同這個身體的放鬆都放到一邊。

如果你確實想做一個讓老闆和自己都很滿意的現代人，就要具備任何情況下，都能夠集中自己注意力的素質和能力。訓練自己，你就不但能夠排除環境的干擾，同時也能夠排除自己內心的干擾。讓注意力集中，就是在提高自己的學習能力，進而提高工

作能力。學習能充實自己內心，豐富自己的內涵。

　　學歷或者學力，不僅僅指實際的文憑，也應該是學習能力的匯集。單憑一紙文憑什麼能力也沒有，那樣的人是很難找到好工作的。要有文憑又要有能力，更要讓自己總是處於學習之中，不斷地給自己全方位充電。這也是個人工作能力的一種遞增，讓你會在未來的工作裏走得更加從容。

　　運用積極目標的力量，就是給自己設定一個，要自覺提高自身注意力和專注能力的目標。有了這個目標，你就會發現，你在非常短的時間內，集中注意力這種能力，有了迅速的提高。不論做任何事情，能深入進去，不受干擾，是非常重要的。

　　我們知道，在軍事上把兵力漫無目的地分散開，被敵人各個圍殲的，是敗軍之將。這與我們在學習、工作和事業中一樣，將自己的精力漫無目標地鋪撒一片的人，肯定會是一個失敗者。學會在需要的任何時候，將自己的力量集中起來，提升自己的學習能力，進而提高工作能力，提高工作效率。這是善於工作的人的天才品質。

工作心得

　　一個人注意力渙散了或無法集中，心靈的門戶就關閉了，一切有用的知識資訊都無法進入。正因為如此，法國生物學家喬治·居維葉說：「天才，首先是注意力。」所以不管是學習還是工作，提高效率的關鍵都在於「精神集中」。

提高思維能力

　　我們身在職場就應該知道，如何分辨清楚事情的好壞和對錯，正確掌握職場的發展趨勢。為了把握好這個趨勢，我們需要好好訓練自己的腦袋，讓它具備多樣的思維能力。所以要懂得如何透過整合工作，把自己的判斷結果，轉變成工作的利基點，達到工作的槓桿效應。提高自己的思維能力，善於利用自己的思維能力，可以將自己的工作和事業推向更高峰。

　　陳松與李良是大學同學，他們同時進入了某大型服裝公司。幾年過去了，倆人的發展有了天壤之別。李良已經創業成功，成為了服裝行業的一名頂級設計師，以及多家知名服裝企業的諮詢顧問，並擁有了自己投資的管理諮詢公司；而陳松還是某小型服裝企業的小小推廣經理，雖然本職工作也做得很優秀，但因為服裝行業的整體不景氣，又加上服裝行業是人才聚集地，所以陳松很難在工作上「突破」出來。

　　一開始的工作能力幾乎是相同的，可是後來為什麼會有這麼大的區別呢？李良不但細心工作，而且很留心工作中的失誤，還經常和一些業外人士交流。這使得他的思維空間，不至於拘泥於一個小圈子裏。慢慢總結行業經驗，開拓自己的思維空間，李良設計出了一套特別的服裝設計圖例。這使得他很受上司青睞，職位一路攀升。而他自己也不滿足於做個為別人打工的人，就自己開了公司。而陳松只是按部就班地從事自己的工作，沒有想過要去設計什麼別具一格的服裝。思想被固定，能力也沒有什麼提升，幾年下來公司覺得他不太適合再繼續做下去。所以陳松後來

就到了某小型服裝企業，做了個推廣經理。

可見，思維能力的不斷擴展和提高，對我們的工作和事業，是非常有幫助的。思維能力不斷提高，工作中會出現一些奇思異想，正是那些寶貴的奇思異想，可以幫助我們提高工作能力。邏輯思維能力不是一個人在胡思亂想，而是通過長期對工作的理解，慢慢形成的一種被自身所利用的一種能力。當然，每個人的思維能力都是不一樣的。有的人邏輯思維能力很混亂，有的人邏輯思維能力很強、很敏銳。必須說明的是，這種思維能力是可以後天形成的。所以我們在平時工作學習中，就要注意培養這種思維能力。

要培養這種思維能力，就要讓自己的頭腦時刻保持清醒。

收拾書桌是為了讓自己的視野範圍內，儘量變得清晰、有條理。那麼你同時也可以清理自己的大腦。你經常收拾書桌，慢慢就會有一個形象的類比，覺得自己的大腦也像一個書桌一樣。總有一部分空間是空著的，隨時準備接受新的東西，包括思維方式、思維技巧。工作中，也很有可能在某次談話中，突然就找到了另一個全新的思維空間，讓自己的思維一下子豁然開朗了。開拓思維空間，提高思維能力，自然工作能力也會上升。那麼工作效率呢？當然是提高了。

當你將思想中的所有雜念都去除的時候，一瞬間，你就進入了大腦的意識主題，你的大腦就充分調動起來，你才有才智，你才有發明，你才有創造，你才有觀察的能力、記憶的能力、邏輯推理的能力和想像的能力。如果不是這樣，你坐在那裏，十分鐘之內，大腦裏還是會像車水馬龍一團亂的景象，還是會波濤洶湧、後浪推前浪一般不能平靜，沒有結果，那麼這十分鐘就被浪

費掉了。再有十分鐘，不是車水馬龍了，但依然會出現熙熙攘攘的街道，於是又十分鐘過去了……這樣子投入到工作中，工作效率自然是上不去的。

　　工作能力是一個人目前發展及今後走向社會生存與競爭的重量砝碼。因此我們很有必要提高自己的思維能力，因為思維能力是工作能力的一部分。思維能力是日積月累、一點一滴慢慢形成的，想提高思維能力就要慢慢培養訓練。在提高自己的思維能力之後，我們就會知道自己已經具備和亟待補充的是什麼能力。於是我們會更好地學習掌握一些知識或者技能，來提高我們的工作能力，提高我們的工作效率。

工作心得

　　對個人而言，思維能力是自身根據外界和內部發生的變化，即時做出調整反應的能力。提高自己的思維能力，善於利用自己的思維能力，可以提高工作效率，讓自己的工作和事業更上一層樓。

掌握應變能力

　　應變能力是當代人應當具有的基本能力之一。在當今社會中，我們每個人每天都要面對比過去成倍增長的資訊，迅速地分析這些資訊，是我們的工作職責。所以我們要提高這種應變能力

以提高我們的工作能力，進而提高我們的工作效率。

　　資訊是人們把握時代脈搏，跟上時代潮流的關鍵。處理好它，需要我們具有良好的應變能力。另一方面，隨著社會競爭的加大，人們所面臨的變化和壓力與日俱增，每個人都可能面臨擇業、失業等方面的困擾。努力提高自己的應變能力，對保持健康的心理狀況，也是很有幫助的。

　　我們每個人的應變能力可能不盡相同，據調查，造成這種差異的主要原因，一方面可能有先天的因素，如多血質的人比黏液質的人，應變能力高些。另一方面也可能有後天的因素，如長期從事緊張工作的人，比工作安逸的人應變能力高些。因此應變能力也是可以通過某種方法加以培養和提高的。

　　我們可以多參加富有挑戰性的活動。在實踐活動中，我們必然會遇到各種各樣的問題和實際的困難。努力去解決問題和克服困難的過程，就是增強人的應變能力的過程。這種應變能力地增強，會在工作之中得到很好的體現。

　　要應變就要有很多方面的經驗，擴大個人的交往圈，無疑是個好方法。它會讓你接觸很多不同的人，他們又都有不同的職業，無論家庭、學校還是小團體，都是社會的一個縮影。在這些相對較小的範圍內，我們可能會遇到各種難解決的問題，慢慢就有了類似難題解決的應變經驗。因此只有首先學會應對各種各樣的人，才能推而廣之，應付各種複雜的環境，再應付各種複雜問題。實際上，擴大自己的交往範圍本身，就是一個不斷實踐應變的過程。

　　加強自身的修養。應變能力高的人，往往能夠在複雜的環境中沉著應戰，而不是緊張和莽撞行事。在工作學習當中，遇事沉

著冷靜，才能化險為夷，化危為安，化尷尬為和諧。一個人的應變能力，反應著他的機智和聰明。碰到意外的變故，要能表現出高度的冷靜和強烈的自信，甚至伴以適當的微笑，這是一種強者姿態。只有這樣，才能使自己在冷靜中產生機智，發揮自己敏捷的思維能力和語言應變能力。也只有這樣，才能擺脫困境，化險為夷，化拙為巧，收到意外的效果。

在平時工作中要有敏銳的洞察力。這是一種敏銳、迅速、準確地抓住問題要害的能力。正確地發現和提出問題，是成功解決問題的一半，這樣可以是一種以不變應萬變的能力。

敏捷的反應能力，是指人在思維過程中，當機立斷和及時解決問題的能力，這種能力是應變的基本功。敏捷的反應是對突然變化的反應，而突然變化來得快，來得意外，我們不可能瞭解得很深刻、全面，也無法仔細推敲，但不及時做出反應又可能變得被動，這時必須當機立斷，在工作中繼續收集資訊，觀察變化，調整工作方案，以取得工作的最後成功。

如果你是一個地區或單位的負責人，那你一定要沉著冷靜地應對突發問題、事件，驚慌失措有很大的傳染性。如果領導者在精神上先亂了陣腳，那麼一切思考、判斷、指揮、決策都會大受干擾，下屬就更加的不知所措，工作很有可能會因此而陷入絕境。

我們要提高應變能力，就要提高沉著冷靜面對困難的能力。不管遇到什麼難事，我們都必須保持冷靜，只有這樣我們才會細緻地思考、分析，並且想出最佳的解決方法。只有面對問題冷靜沉著，才能提高工作上的應變能力，才能提高工作效率。這樣在任何情況下，我們都能把工作做好。當然，超於常人的鎮定力，

不但來自良好的心理品質，而且還有自身的高度自信。

　　語言應變也是應變能力的一種。語言應變要求具備較高的文化素養，和較強的語言駕馭能力。一個人如果文化修養好，對各種事物都有所瞭解和掌握，再加上語言表達方式靈活，辭彙豐富，那麼他講起話來一定會得心應手，應對時就能做到遊刃有餘，應付自如。在遇到一些比較尷尬的話題時，可以巧妙地轉移話題，使談話雙方都遠離那份尷尬。談話氣氛比較緊張時，可以適時地說個小幽默，以緩解緊張的氣氛，降低雙方的談話壓力。

工作心得

　　應變能力對於處於職場中的你我，都是很重要的，因為在瞬息萬變的環境中，時常會讓你面臨不可預知的困難，如果你不能靈巧應變，那你就將會被排擠掉。應變能力是一名優秀員工所必不可少的素質，應變能力越高，工作效率越高。

提高心理素質

　　心理素質是人整體素質中，非常重要的部分。一個人的心理素質，是在先天素質的基礎上，經過後天環境與教育的影響，而逐步形成的。心理是人的生理結構特別是大腦結構的特殊機能，是對客觀現實的反應。在二十一世紀的今天，人們要面對各種各樣的工作和壓力，提高心理素質顯得尤為重要。

　　心理素質是人的素質結構的核心因素，是使人的素質各部分
「聯繫起來」，成為能發展主體自身的內部根據。心理素質包括
人的認識能力、情緒和情感品質、意志品質、氣質和性格等個性
品質諸方面。

　　我們經常會聽到這樣的話：

　　「我膽子特別小，只要看見上司就緊張。昨天上司說起一個
問題，本來我是知道的，可是上司點名問到我，我竟然昏了，隨
口說了個不知道……」

　　「我也是，遠遠看見上司從對面走來了，我就趕緊躲開，這
樣就不用跟上司打招呼了。如果上司也上廁所，我就避開先不去
上廁所，總之最好別讓上司看見我、想起我，我想自己沒有什麼
前途了。」

　　「我要說的那句話，在腦子裏過了好幾遍了，可在去上司辦
公室之前還是緊張，自己都感覺呼吸困難。」

　　這都是心理素質差的表現，不自信，不敢面對比自己職位高
的人，怕被否定、怕被批評。所以就選擇遠遠地躲開上司，儘量
不去和上司接觸。其實這都是錯誤的想法和做法，每個人都應該
正確認識自己，增強自信心，如果比較緊張，就適當地進行自我
心理調節。不要一味地逃避，逃避解決不了問題，我們要認識自
己的不足，然後去努力補足。

　　樹立正確的人生觀，保持開闊的心胸，提高對心理衝突和挫
折的忍受能力，熱愛生活，熱愛學習；充分認識自己，不自卑不
自負；積極交友，寬容待人，善於與他人交流思想、感情；積極
培養自己的各種興趣愛好，如琴棋書畫；參加有益的娛樂活動，
積極參加各種體育活動；多讀優秀的文學、藝術作品，陶冶情

操，樹立遠大的理想；學會全面分析複雜問題，有遭受挫折的思想準備；積極參加勞動，在勞動中吸取教訓，接受磨練……這些都能提高心理素質。

如果害怕在公眾場合發言，你可以在會議或是演講開始的前一段時間抽時間練習。練習的時候，要儘量在腦子裏面把會議場面清晰化。在清晰的場景裏，想像你正在回答問題或是正在演講，要想像你回答得很好、很成功的樣子。因為這樣做，可以增加你的自信。不斷地重覆著這種成功場面的假設，到真正上臺面對許多人的時候，你就不會那麼慌張了。有過這樣幾次經歷，你的心理素質就會提高很多。

小盧當初很害怕跟陌生人打交道，一說話就臉紅，然後就結結巴巴沒法說下去。好在他有一股敢與和自己作對的精神，他主動向主管要求轉到市場部門，因為這樣他就必須經常面對一些陌生客戶，可以得到鍛鍊。

他還記得自己第一次見客戶，在人家工廠門口徘徊了很久，心中五味雜陳，猶豫了半天，最後紅著臉出現在客戶的面前。邁出了第一步，接下來的路就好走多了。自那以後，他就一次比一次好了。

勇於挑戰自己，能夠使人正確認識自己，正確看待問題。有了自我體驗，能夠自我監控，心理素質會明顯提高。工作能力上去了，工作效率自然就會提高。

工作心得

　　心理素質決定態度，態度決定行動，行動決定效率。一個人的心理素質，對工作效率的影響非常大，尤其在工作節奏快、壓力大的企業裏。所以我們要學會適時地為自己減壓，保持良好的心理水準。心理素質是在後天的磨練中，不斷成長的。遇到問題不慌張，理清思路，善於分析問題、總結問題，才能使其逐步提高。

控制好自己的情緒

　　情緒，人皆有之。人在認識、實踐的過程中，隨時要受到各種各樣的精神刺激，或興奮、激動，從而產生信心、力量；或變得壓抑、沉悶，從而缺乏信心和進取精神；或氣憤、絕望，從而產生過激言語和過火舉動。

　　快節奏的生活，使很多人在工作時都特別情緒化，容易大喜或大悲，很少處於中間的平衡狀態。有的人只要情緒上來了，就什麼都顧不了了，什麼難聽話都說得出來，什麼話傷人說什麼，甚至還能做出不計後果的事情來。

　　一個人控制不了自己的情緒，往往就會被自己的情緒控制。要學會控制自己的情緒，不要讓壞情緒左右你的工作，不要讓壞

情緒影響你的工作效率。在工作生活中難免遇到不順心的事，讓你很氣憤、很惱怒，當時會做出一些你自己都意想不到的事。事後你也許會被降職，也許會被減薪，甚至是被辭退，當然也有可能只是被主管狠狠地批了一頓。不管是哪一種結局，都會對你以後的工作產生一些不好的影響。所以你一定要學會控制自己的情緒。

你希望自己能在任何時候都保持平靜的狀態，但是你又意識到自己的情緒容易波動。那麼你目前就需要學習控制自己的情緒了。如何控制情緒？

首先你要瞭解自己，瞭解你的需求是什麼。比如你很注重自己在別人心中的位置和別人對你的看法，這就是你的需求。但為何卻讓你無法保持冷靜？因為你不知道怎樣在別人心中樹立良好的形象。滿足自己的需求，不是件容易的事情。學會理解自己，學會理解別人，你就不會隨便發脾氣了。

其次是要調節自己和現實之間的距離。在理解自己和其他人的基礎上，你要做出一些調節。你要提高自己的涵養和認識，通過不斷地提高，你會發現自己脾氣小了。在你很想發脾氣的時候，你也會很快控制住你的情緒，讓你的壞情緒迅速平靜下去，從而理智地處理工作中出現的不快。

弱者讓情緒控制行為，強者讓行為控制情緒。當你感覺悲傷，被失敗的情緒包圍時，你可以引吭高歌。恐懼時，你勇往直前；自卑時，你換上新裝；躁動不安時，你靜坐不動。這樣，行為與情緒形成了巨大的反差，那些不好的情緒就會被壓制住，讓你儘量保持平靜，不會爆發。

需要說明的是，這不是讓你做個傷心時還大笑的瘋子，只是

讓你在工作的時候，在特定的場合裏，讓你身體的行動，來緩解你情緒的巨大波動，避免做出什麼不妥的舉措。身在職場，你必須學會控制自己的情緒，避免負面情緒的產生和蔓延。

對於自己千變萬化的情緒波動，你不要聽之任之。要知道，只有積極主動地控制情緒，才能把工作做得更好。趕走不利工作的壞情緒，才能清醒工作，提高工作效率。所以能控制情緒，就等於提高了自己的工作能力。

善於把情緒調動起來，奇蹟就會出現，工作力量就會成倍地增長。比如戰場上一句「為了國家衝啊」，就能讓戰士的戰鬥精神一下迸發出來，全身心地投入到戰鬥當中。平時工作中這方面的例子也很多：「為了年底分紅，大家好好努力啊」、「上面正缺一個副理，誰做得好就會提拔誰」等。一句簡單的話，就能把情緒調動起來，工作效率會馬上提高，整個公司都會因此而業績突出的。

要把工作做好，就要把負面情緒壓制下去，把積極情緒調動起來，並讓它為你服務。

工作心得

從醫學角度考慮，不能很好地控制情緒，對人的身體也是很不利的。情緒緊張，血液循環就會發生障礙，出現心跳加快、氣短、頭暈等症狀。高血壓患者在情緒極壞時，可能引發中風；而情緒穩定，生理正常，則有利健康；有了健康的身體才能好好工作，才會提高工作能力，才會提高工作效率。

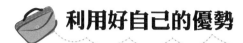 利用好自己的優勢

　　不同的職業具有不同的能力要求，我們要判斷自己具備從事何種職業的能力，即要知道自己的優勢能力。在工作上運用自己的優勢能力，可以大大提高自己的工作效率。

　　什麼是自己的優勢能力呢？怎樣識別自己的優勢能力？先天就有的、沒有經過相關的教育與培訓，在某些方面卻非常出眾的能力，就是你的優勢能力。譬如許多走紅的流行歌手，雖然不識五線譜，但他們熱愛音樂並且有很好的樂感，創作出了不少很受歡迎的歌曲；有銷售天賦的人，天生就可以很快拉近和陌生人的距離，能很快博得好感，讓人對他銷售的產品產生興趣，並且容易與別人保持良好的關係。有某種優勢能力，對以後的事業發展會很有幫助，甚至能有事半功倍的效果。

　　興趣可以幫你找到自身的優勢能力。希望自己有所成就，是因為你內心有一種急切的、誠摯的渴望。譬如你願意寫作，可能就是因為想做文字編輯或作家；你對數字很敏感，就是因為你想做財務；潛意識裏讓你願意去學習彩繪、線條等與畫有關的知識，是因為你很想當個畫家；你注意框架結構，喜歡物理知識，擅長空間想像，也許就是因為你想做工程師；你喜歡花草樹木，願意為它們培土澆水，很有可能是因為你想做園藝師。因為有了內心的渴望，所以你願意多接觸一些這方面的課程，願意多認識一些這方面的人才。慢慢地它就會成為你的優勢能力。

　　也許你的優勢能力很不明顯，但是你在某些方面取得了一些小成就。這種成就感，會強化你在這方面的能力，進而使之成為

你的優勢能力，進入良性循環後，你在這方面的優勢也會越來越突出。每個人最大的成長空間，在於其最強的優勢領域。多花點兒時間把自己的優勢發揮到極致，是非常明智的舉措。

發現了自己的優勢能力，就要很好地去運用它。不要讓你的優勢能力就此白白浪費，毫無價值。就像一顆鑽石，如果沉在海底，就無異於破銅爛鐵，只有把它撈出來，真正使用，才能體現它的價值。所以優勢能力最好是運用到工作當中去，那樣可以提高你的工作能力，提高你的工作效率，讓你面對工作會相對輕鬆一些。

優勢能力會成為你工作的出色幫手。譬如運用出色的溝通能力與談判能力，你簽下了一個大的銷售訂單。你肯定會興奮不已，成功過後，你當然不會忘記讓你成功的大功臣，你會再提高一下自己的溝通、談判能力。經過你有意識地學習和培養，你的溝通和談判能力當然會有所進步，它會更好地幫助你工作，提高你工作的效率。

很多人在工作時，總是放大自己的劣勢，看不到自己的優勢。工作中也不善於運用自己的優勢，卻總是注意自己的劣勢。彌補劣勢，雖然有時確有必要，但它只能使我們避免失敗，而很少使我們出類拔萃。如果你缺乏空間想像能力，卻是從事建築設計的工作；你對數字不敏感，卻在當會計。如果缺乏這方面的能力，絞盡腦汁也未必有好的效果。這樣你不僅很難取得大的成績，甚至工作也會很吃力。

看起來不經意的優點，對一個人而言，就是一種優勢，是一筆寶貴的財富。某管理學者提出：二十一世紀的工作生存法則，就是建立個人品牌。他認為，不只是企業、產品需要建立品牌，

個人也需要在職場中建立個人品牌。競爭並不可怕,可怕的是自己並無太多讓人記住的東西。從現在開始,發現自己的優勢,讓它成為你的獨特品質,讓別人一下就能想起你:「哦,這項任務由他來擔當最合適,他具有這方面的優勢!」

 工作心得

　　一個人能在社會上站住腳,靠的是什麼?靠的是他們的專長,是他們的優勢,而不是他們的毛病。要想工作好、效率高,就必須有自己無可替代的能力。有能力的人碰到困難才能跳過去,提高能力的一個重要方法,就是要找到自己的優勢。優勢能力就是工作能力,工作能力創造效率。優勢能力會幫助我們提高工作效率,能幫我們把工作做好。

培養團隊合作的能力

　　隨著現代社會的發展,職業分工也越來越細,一個人單打獨鬥的時代已經成為過去,越來越需要集體的合作。個人的能力再強,也不能離開團隊這個大的氛圍。因此培養團隊合作能力是非常必要的。

　　在團隊工作中,要學會欣賞。很多時候同處於一個團隊中的工作夥伴常常會起內訌,尤其是因某事分出高低時落在後面的

人，心裏就會酸溜溜的。所以每個人都要先把心態擺正，用客觀的眼光去看待工作夥伴的能力，他要用同樣客觀的眼光，去看待自己的能力。哪怕同伴有一點點比自己好的地方，都是值得欣賞和學習的。當然也要學會欣賞自己。

欣賞團隊裏的每一個成員，就是在為團隊增加助力；改掉自身的缺點，就是在消滅團隊的弱點。欣賞是培養團隊合作能力的第一步。每個人都可能會覺得自己在某個方面比其他人強，但你更應該將自己的注意力放在他人的強項上。因為團隊中的任何一位成員，都可能是某個領域的專家。

團隊的工作效率在於每個成員配合的默契程度，而默契來自於團隊成員的互相欣賞和熟悉，最主要的是揚長避短。如果達不到這種默契，團隊合作就不會有什麼業績，更體現不出團隊工作的積極意義。

寬容是團隊合作中最好的潤滑劑，它能消除分歧和戰爭。試想一下，如果你對著別人大發雷霆，即使過錯在對方，誰也不能保證他不以同樣的態度來回敬你。這樣一來，矛盾自然也就不可避免了。反之，你如果能夠以寬容的胸襟包容同事的錯誤，驅散瀰漫在你們之間的火藥味，相信你們的合作關係將更上一層樓。

尊重團隊裏的每一個成員。一個團隊要營造出和諧融洽的氣氛就要彼此尊重，使團隊資源形成最大限度的共用。而如果一個團隊中的每一個成員，都能夠將彼此的知識、能力和智慧共用，那麼，無疑整個團隊的工作能力，就會得到很大的提高。

尊重，是團隊成員在交往時的一種平等的態度。平等待人，有禮有節，既尊重他人，又儘量保持自我個性，這是團隊合作能力之一。團隊是由不同的人組成的，每一個團隊成員，首先是一

個追求自我發展和不斷自強的個體人，然後才是一個從事工作、遵從職業分工的職業人。

尊重，意味著尊重他人的個性和人格，尊重他人的興趣和愛好，尊重他人的感覺和需要，尊重他人的態度和意見，尊重他人的權利和義務，尊重他人的成就和發展。只有團隊中的每一個成員都尊重彼此的意見和觀點，尊重彼此的技術和能力，尊重彼此對團隊的全部貢獻，這個團隊才會得到最大的發展，而這個團隊中的成員，也才會贏得個人的最大成功。只有團隊成員相互之間不產生距離感，合作時才會更加默契，從而使團隊效益達到最大化。

培養團隊的合作能力，就要培養隊員們的相互信任。信任是整個團隊能夠協同合作的十分關鍵的一步。如果團隊成員彼此間沒有充分的信任，就會喪失彼此合作的基礎，整個團隊也就團結不起來，這樣子的團隊很容易被擊垮。

高效團隊的一個重要特徵，就是團隊成員之間的相互信任。也就是說，團隊成員彼此相信各自的品格、個性、特點和工作能力。這種信任可以在團隊內部，創造高度互信的互動能量，使團隊成員樂於付出激情與能力。這樣往往使人們願意承擔，在團隊裏應該承擔的責任。

溝通能力在團隊工作中是非常重要的，現代社會是個開放的社會，當你有了好想法、好建議時，要儘快讓別人瞭解、讓上級採納，為團隊做貢獻。否則不論你有多麼新奇的創意和絕妙的想法，如果不能讓更多的人去理解和運用，那就幾乎等於沒有。持續的溝涌，使團隊成員能夠更好地發揚團隊精神。團隊成員唯有從自身做起，秉持對話精神，有方法、層次地發表意見並探討問

題，彙集經驗和知識，才能凝聚團隊共識，激發自身和團隊的力量。

在團隊中，培養團隊合作能力，可以讓自己和其他隊員，都能夠不斷地釋放自己的潛在才能和技巧。大家都能在各自的崗位上，找到最佳的協作方式，這會讓團隊整體的工作能力上升，會很自然地提高工作效率。為了團隊共同的目標，一定要提高自己的團隊合作能力。

工作心得

現在越來越多的工作，需要團隊合作來共同完成。全新的團隊合作模式，更強調團隊中個人的創造性發揮，和團隊整體的協同工作，這樣更能提高工作效率。嚴密有序的團體組織和高效的團隊協作，是一個團隊成功的最明顯和最重要的因素。團隊合作對個人的素質有較高的要求，除了應具備優秀的專業知識以外，還應該有優秀的團隊合作能力，這種合作能力，有時甚至比專業知識更顯重要。

具備適應工作的綜合素質

專業能力、學習能力、創新能力等多方面能力，都屬於工作能力，但工作能力，又不僅僅是一種能力就能衡量的，工作能力是一種綜合素質的體現。

　　面對不同時期的不同任務，工作對我們所具備的工作能力，提出了更新、更高的要求，必須以嚴謹的學習態度，鍥而不捨的拼搏精神，充分利用點滴時間，博覽群書，廣泛積累知識，以適應工作發展的需要。

　　在工作中遇到問題或困難，要及時與同事溝通交流，不要等到主管過問時才彙報，耽誤工作的進展。遇到問題及時解決，自己解決不了的，可以詢問同事或者直接向主管彙報，這樣問題就能很快解決，你的工作效率就會大大提高。

　　及時詢問、及時彙報，本身就是一個人綜合素質的體現。勇於發問、勇於求知、主動尋求問題的解決方法，是一種學習能力，也是一種應變能力。如果為了隱藏自己的無能，和一些地方的無知，拖延問題的解決時間，只會拖慢你的工作效率，貶低你的工作能力，甚至會讓人覺得你更加的無知和無能。而且公司也很有可能會因為你的原因，而失去很多賺錢的機會。如果因此把你炒掉，那你的工作能力哪還有機會表現？

　　要加強相關知識理論上學習，更要注重工作中實踐的學習、鍛鍊和積累，尤其是運用先進的工作理念、方法，和嫻熟的工作技能，更好地為我們從事的工作服務。力爭達到專業知識一流、專業技能一流，並且運用新科技能力要準確，要學習快，要適應快，工作能力突出，使自己成為適應工作需要的高級人才。如果你是職場新人，在學校裏不是很優秀，那也不要放棄。通過不斷地努力提高自己的綜合素質，你就可以適應新的工作。

　　一位服裝公司的部門經理說，她最近四年招收的新人，不少人都是考場上的佼佼者，而在工作上他們卻成為失意者，甚至是失敗者。但是有一些學生雖然考試成績不優異，卻非常善於與客

戶打交道，而且接受新知識、認識新事物的能力也強，學習起來進步非常快，這樣的人往往很受客戶的青睞。這都說明了，工作對一個人的綜合素質要求很高。成績好，只能說明他們在某個學科知識學習方面的優勢，並不能說明其他，尤其不能說明他們的工作能力。在職場上，要的是你的工作能力，而不是考試的分數。

工作是要看一個人的綜合素質，其中不僅僅包括學識，還有形象、態度、適應能力等。有沒有工作能力，要看你掌握的綜合能力，是否與你的工作需要相匹配。

成功人士重要的是要有創新精神、冒險精神，還有一些成功必備的綜合能力。如果你把絕大部分精力用於解題、用於死記硬背，不免會顧此失彼，創造性的思維能力必然大受限制，一旦面對工作，工作能力就會很差勁，從而不能很快地適應工作。工作上的失落也就不難理解了。所以你要多花時間來提高你的綜合素質，這樣才能很好地提高你的工作能力，讓你很快地適應你從事的工作。

現在有些公司在招聘時，已經不是很注重學歷和學習成績了。他們注重的是人才的綜合素質。某集團的人事經理表示：「公司現在不會苛求員工是名校出身，也不會要求一定是專業科系，即使是離本職工作比較疏遠的專業，只要學生綜合素質好，學習能力和適應能力強，我們都會給予機會，讓新人去嘗試。綜合素質好的人，遇到問題能及時看到癥結所在，並能及時調動自己的能力和所學的知識，迅速釋放出自己的潛能，制訂出可操作的方案，這樣的人才我們很歡迎。」

隨著企業競爭加劇，企業更加關注人才的品質。因為人才是

創造產品、為企業贏得利潤的主要因素。有些企業，尤其是技術需求不高的企業，不是只看重在校的學習成績，而更看重人員的綜合素質，這是現代企業的用人特點。所以提高個人綜合素質非常重要。

工作心得

　　工作中會有許多挑戰，迎接挑戰是擺在我們面前的一項重要的任務。個人綜合素質如何，直接關係到工作效率的高低，和工作品質的好壞。提升個人綜合素質，既是工作的客觀需要，也是個人發展前景對自身提出的新要求。

9

Chapter

增加工作中的樂趣

　　不要對工作產生厭倦情緒，我們要發現並且開發工作中的樂趣。我們選擇了一項工作，它就是值得做的，那就應該做好，並且要增加工作中的樂趣，這樣才能提高工作效率。選擇你所愛的，愛你所選擇的，快樂地工作，工作就是快樂的。

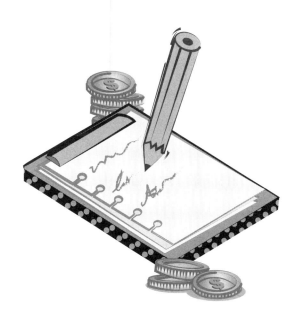

別把工作當成一種苦役

　　如果想要看一個人工作效率的高低，只要看他平常在工作方面的態度就可以了。如果一個人從來都是被動地工作，從來沒有主動想要工作，就好像現在的小學生，需要在家長的督促下才能學習一樣；如果一個人對工作總是產生一種厭惡感，從來就沒有覺得自己的工作有什麼吸引人的地方，就好像看到自己最討厭的東西一樣；如果一個人對工作沒有絲毫的熱誠，根本沒有辦法把工作當做是一種享受，一提起工作就大皺眉頭，那麼這樣的人是不會有很高的工作效率的，更不會取得什麼重大成就。因為成功只會留給主動爭取的人，而不是被動等待的人；成功只會留給有興趣的人，而不是覺得厭惡的人；成功只會留給有熱情的人，而不是沒有衝勁的人。

　　有這樣一個故事：

　　有兩匹馬為同一個人工作。有一天，主人把一些貨物分別裝在兩輛馬車上，讓兩匹馬各拉一輛車。

　　走在路上的時候，有一匹馬漸漸地落在了後面，並且還走走停停。主人見狀，以為是後面那匹馬上的東西太多了，便把後面一輛車上的貨物，搬一點兒放到前面的車上去。然而，後面的那匹馬依然還是走在後面。最後，當後面那匹馬看到自己車上的東西都搬完了，便開始輕快地前進，並且對前面那匹馬說：「你辛苦吧，流汗吧，你越是努力做，主人越要折磨你！」

　　當他們到達目的地後，有人就對馬主人說：「你既然只用一匹馬拉車就已經夠了，那麼你還養兩匹馬幹什麼？不如好好地餵

一匹，把另一匹宰掉，總還能拿到一張皮吧。」於是主人便真的這樣做了。

毫無疑問，被宰掉的就是總跑在後面的那匹馬。

如果一個人對自己的工作抱著抱怨、消極，和斤斤計較的態度，把工作看成是一種苦役，那麼就不可能對工作產生熱情，也不可能發揮自己的創造力和潛力。這樣一來，就根本不可能取得好的工作業績，這樣的人，早晚有一天會和被宰掉的那匹馬一樣，因為他們都一樣只是在「混日子」。

有一些人覺得自己只要準時上班，並且不遲到、不早退就是完成工作了。這樣的人不一定是去認真地工作，對於他們來說，每天的工作可能會是一種負擔，甚至會是一種苦役，久而久之，他們就會遠離自己的工作，儘管他們每天都在「工作」，但是他們卻不願為工作多付出一點兒，更沒有將工作看成是一個獲取成功的機會。

一個人如果不工作，或者說是不努力工作，那麼他不會有工作效率可言的，也不會有成功的機會。因此不管自己對目前的工作有多麼不滿意，都不要對工作產生厭惡，更不要把工作看成是一種苦役。要知道，只要是工作就會有它的意義，只要工作著就應該快樂著。

 工作心得

　　有些人一到上班的時候就會大肆抱怨，好像等待他們的工作，是一種苦役似的，他們總是覺得自己的工作很累，而且毫無樂趣，從心底裏對工作有一種抵觸感和厭煩感，這樣的人是不可能提高工作效率的。要想提高工作效率，就不要把工作當成一種苦役，而應把工作當成一種樂趣。

熱愛自己的工作

　　工作是我們生活的一部分，我們必須熱愛它，否則我們就會覺得很辛苦，工作業績就不會提升甚至是後退。只有熱愛自己的工作，我們才能把工作上的事，看成是自己的事來處理，才會全心地投入到工作當中，提高工作效率，把工作做好。

　　李珊珊任職於華盛頓某金融擔保公司，在兩年半的工作中，她為自己贏得了「難不倒」的美譽。憑著自己對工作的熱愛和付出的努力，李珊珊晉升為部門的小組主管。由於她總能認真傾聽同事的想法，瞭解部下所關心的事情，並領導她的小組出色地完成每一項任務。因此為小組贏得了好評，成為全公司公認的、可以委以重任的團隊。

　　與此相反，公司三樓有一個營運部門。該營運部門人數眾多，績效卻很不理想，他們與李珊珊的團隊，形成了鮮明的對

比，因此成為大家批評的焦點。

為了能讓公司有一個全面的改觀，總經理決定提升李珊珊為三樓的業務經理。幾個星期後，李珊珊慎重而又很不情願地接受了提升。雖然公司對她接手三樓寄予厚望，但她卻是硬著頭皮接受這份工作。工作的開展自然十分艱難，但是李珊珊迅速調整了心態，把對這份工作的厭惡轉變成了熱愛，對部門的任何事情都很上心，對這份工作投入了很大的熱情。與此同時，她的這種積極的情緒，深深地影響了營運部門裏的每一個人，在這種熱情的感染和鼓舞下，李珊珊所在的營運部門迅速改變，績效也得到了很大的提升，並最終成為公司的典範。

有句話說得好：「選擇你所愛的，愛你所選擇的。」作為一名員工，李珊珊強迫自己愛上自己選擇和接受的工作。通過自己的努力，為公司做出了巨大的貢獻，也為自己的職業生涯，寫下了閃亮的一筆。

可見，一份工作是否很有前途，取決於我們自己的看法，對於工作，我們可以做好，也可能做壞。

工作可以高高興興、驕傲地做，也可以愁眉苦臉、厭惡地做。如何去做，這完全在於我們自己。我們應該充滿活力與熱情來對待工作。

要想把一份工作做好，就要去熱愛那份工作。我們只要熱愛自己的工作，才能把工作做好。如果我們從內心就很討厭所做的工作，就不願意為它付出努力，那麼我們肯定就做不好這份工作。

我們要從內心去熱愛自己的工作，對工作要上心，慢慢地就會對工作產生興趣。其實任何人都有可能不得不做一些令人厭煩

的工作。給你一個很好的工作環境，但如果總是一成不變的話，任何工作都會變得枯燥乏味。許多在大公司工作的員工，僅僅是為了生存而不得不出來工作。他們擁有淵博的知識，受過專業的訓練，有一份令人羨慕的工作，拿一份不菲的薪水，但是他們對工作並不熱愛，視工作如緊箍咒。他們精神緊張、神經壓抑，工作對他們來說毫無樂趣可言。這樣的人也許會認真對待工作，但不會取得很大的成績，不會有很高的工作效率，僅僅能夠保持原狀而已。

我們每一個人都應該熱愛自己的工作，即使這份工作你不太喜歡，也要盡一切能力去轉變你最初的想法，然後去熱愛它，並憑藉這種熱愛，去發掘內心蘊藏著的活力、熱情和巨大的創造力。事實上，你對自己的工作越熱愛，決心越大，工作效率就越高。你的工作效率越高，就越會受上司的看重，就會贏得榮譽和不菲的工作報酬，從而你會更加熱愛你的工作。於是你就會進入一種良性的循環。

當你對工作充滿熱情時，上班就不再是一件苦差事，工作就變成了一種樂趣。如果你對工作充滿了熱愛，你就會從中獲得巨大的快樂。

快樂地工作，就能工作的快樂。你選擇快樂地工作，就等於在工作中享受快樂，這是人生中最愜意的事情。

工作心得

　　或許我們中的很多人，迫於生計，為了糊口，無法從事自己心目中的理想工作，也沒有更多的時間和精力去改變現狀。是的，有時我們無法選擇工作本身，但是我們卻可以選擇工作方式和態度。成功人士對於工作都很熱愛，他們努力工作是因為他們在享受工作。熱愛自己的工作，提高工作效率，我們也能成為成功人士。

在工作中找到樂趣

　　有很多人容易對工作產生倦怠感，所以他們不停地更換工作，適應新工作的同時，享受工作的新鮮感。但是經過一段時間以後，這種新鮮感一旦消失，他們就會對這份新工作，產生同樣的倦怠情緒。其實如果讓一個人去重覆他已經很熟悉的工作，他就會覺得工作乏味難耐。因為那項工作對他來說，不會有什麼新的挑戰出現，不會有什麼新的樂趣產生。

　　我們都知道，工作是一種生活需要，我們有相當一部分時間，都花在了工作上。所以我們需要喜歡自己所從事的工作，需要學會在工作中尋找到樂趣，這樣我們就不會感到枯燥了，也能提高工作效率。

　　王海峰曾經有過一段海外留學的生活，其間在一家餐館打工。工作一開始是洗盤子，後來是端盤子，然後做侍應生，最後成為當地收入最高的侍應生。在我們看來，洗盤子是無比枯燥的事，可是他卻把它做好了。為什麼？因為他從枯燥的洗盤子中，找到了樂趣。

　　王海峰說，開始洗盤子時也很痛苦，後來想既然做了就做好，並且要快樂地做，於是換著法兒洗盤子，又很有創意地設計了幾個「飛盤」的動作。這樣很快就發現工作不僅不枯燥，而且充滿了樂趣，自然而然地效率也提高了許多。於是本來挺費力費時的工作變得很輕鬆。

　　這樣就有了時間和心情去觀察大廚們如何炒菜，漸漸地也幫忙傳菜，大廚們便誇他好眼力。嘗到甜頭之後，他就會更主動地做一些事。

　　他盤子端多了，就想著要端出花樣來。後來就想要看看自己一個手能端多少個盤子。用心去做一件事，就不會覺得枯燥，而且做得很起勁兒。一個手端的盤子越來越多，終於裝滿菜的盤子，一隻手能端五個；在沒有人幫助的情況下，兩隻手可以拿十七個高腳杯。這樣的樂趣找到了，還愁工作不快樂嗎？

　　因為他記人名字能過目不忘，再後來他被提拔成了侍應生。工作中他以記別人名字為樂趣，他每天都很開心地面對顧客，很受顧客歡迎。所以他很快成為了當地獲得小費最高的侍應生。

　　王海峰的經歷非常值得我們深思。我們可以想一想，假如不能在工作中找到樂趣，假如自己不能挖掘出工作樂趣的話，那麼再大的挑戰也會有結束的時候，再好的計畫也會有執行完的時候。那個時候怎麼辦？何況人們常說機會是給準備好的人的，假

如不能在工作中找到樂趣，哪裡有時間和精力去接觸新的領域？那麼又如何能找來另一份工作的機會？

　　如何在工作中找到樂趣，是現在亟待解決的問題。工作中肯定有樂趣存在，只是我們沒有發現而已。當我們覺得工作有一些枯燥時，不要動輒就想換工作，我們可以拓展一下工作範圍和深度，從中找到工作的樂趣，讓自己在開心快樂中工作，並且不斷取得進步。

工作心得

　　凡是我們的工作，都是應該做的，應該做的都是值得做的，凡是值得做的都應該做好，並且應從中得到快樂，這樣才能把工作做好，提高工作效率。不管你是做什麼工作的，都能在工作中找到樂趣。嘗試「做一事，愛一事，成就一事」，工作中的很多樂趣，一定會源源不斷地出現，供我們在工作中享受。

帶著快樂去工作

　　現代人普遍感到生活太累，工作壓力太大，沒有一點兒快樂可言。其實只要我們帶著快樂出發，不管你從事何種工作，都是可以得到快樂的享受的。

　　小敏居住的社區附近有個修車店，老闆是位五十多歲的男人，整天都樂呵呵的。有天中午，小敏推著自行車去修理，正趕上老闆的女兒來送飯。小敏看見碗裏盛了兩個荷包蛋，灑了些細碎的蔥末。他剛要捧起大碗舉筷開飯，卻抬頭看見小敏過來，就馬上放下碗迎了上來。趁著修車的工夫，就與小敏閒聊起來。

　　他的家就在對面樓上，老伴患病癱瘓在床，這些年他開店賺的錢多用於給老伴治病了。小敏聽了有一些意外，說：「看你這麼好脾氣，又整天樂呵呵的，原來也有些不順心的事啊。」他瞇起眼，笑著說：「誰都會遇到難處，可是日子還得好好過。笑著臉給人們修車，總比哭喪著臉強吧。」

　　這時他的女兒插話，帶著幾分自豪說：「我爸是個熱心腸的人，周圍鄰居都誇我爸。整天能樂呵呵的，也讓人羨慕。」老闆回望女兒一眼，說：「老伴的病有了好轉，女兒也很懂事，我整天工作起來都帶勁著呢。」他憨厚地笑了笑，那笑容如水般在皺紋間流動。

　　雖然他生活不是很富裕，但是他有很好的心態，能夠帶著快樂去工作。帶著快樂工作，可以讓人變得積極向上，讓人的生活和工作都充滿生機。

　　張至中的辦公室進來一位推銷員，是一個染著金黃色頭髮的男孩。張至中正伏案寫資料，他敲門進來，熱情地說：「大哥，耽誤你幾分鐘，介紹一下我們公司的產品。」張至中正要拒絕，他趕緊又說：「我們的產品物美價廉，你不妨聽一下。」

　　他一連串說了很多話，張至中卻輕輕一笑，把目光從產品上移開了。他看張至中不感興趣，又無逐客之意，隨即聊起了他的求職經歷。他畢業於一所普通的高中，現已工作兩年，從事過幾

個不同的職業。

張至中饒有興致地問他：「你喜歡現在的工作嗎？」

他沉思了一下，說：「不一定從事喜歡的工作，但我喜歡所從事的工作。」接著又說，「以前從事的工作，因為經歷過，就都有意義，至少我得到了鍛鍊和提升。」

談話進行了二十分鐘後，張至中買下了一些這個男孩推銷的產品。

不管以前的工作是失敗的還是成功的，都已經過去。而現在，我們一定要帶著快樂去從事我們現在的工作，否則，我們這份工作很有可能因此而以失敗告終。

一位職場女性有一次回家，無意中在鏡子裏看到了一張睏倦、灰暗的、無精打采的臉，她猛然間嚇了一大跳。於是她想，當孩子、丈夫面對這樣愁苦陰沉的面孔時，會有什麼感覺？工作中的同事，面對這樣一張消沉的臉，又會有什麼感覺？假如自己面對的也是這樣的面孔，自己又會作何反應呢？

第二天，她就寫了一張大大的紙條貼在門上提醒自己，上書「門前一站，露出笑臉，快樂一天」。結果，一家人都從這張字條受到啟發，溫暖、快樂充滿了家庭，「奇蹟」就這樣出現了。同時她也在公司的辦公室裏貼了一張，寫的是「要帶著快樂進門，要帶著快樂回家」。這樣，來到她辦公室的人一看到這句話，就會得到帶著快樂工作的啟示。

要想把工作做好，就應該帶著快樂工作，而不是帶著厭煩枯燥工作。只有帶著快樂去工作，才能提高工作效率，才能不斷進步，才能提高自己。工作帶給我們許多必需的東西，譬如物質、尊嚴和夢想。帶著快樂工作，灑下辛勤的汗水，才能創造美麗多

彩的人生。

 工作心得

　　怎樣能帶著快樂工作呢？上班路上，儘量放鬆自己，先不要考慮工作。找一件讓自己高興的事，比如看看報紙，聽聽音樂或廣播。這樣我們可以給一天定一個愉快的基調，輕鬆投入到上午的工作當中。午餐時間，儘量走出辦公室，選擇一個可以令自己放鬆的場所，以擺脫讓我們忙碌的工作環境，讓自己與自然接觸，就能輕鬆快樂，然後繼續下午的工作。帶著快樂工作，肯定會提高工作效率，而且工作起來也會相對輕鬆一些。

選擇自己感興趣的工作

　　對很多人而言，發現自己擅長做什麼，什麼是自己最感興趣的工作，是一件很困難的事，因為他們寧可相信別人，也不相信自己。還有很多人只會羨慕別人，或者模仿別人做的事，很少認清自己的專長，選擇自己感興趣的事情去做。所以他們總是稀裏糊塗地做著自己不擅長的事。

　　一份不稱心的工作，最容易糟蹋人的精神，使人無法發揮自己的才能，最終遭受失敗。

你的工作只要與自己的志趣相投合，你就絕不會陷於失敗的境地。人一旦選擇了真正感興趣的工作，工作起來就能精力充沛，有著較高的工作效率，而絕不會無精打采，效率低下。同時，一份合適的工作，還會在各方面發揮你的才能，並使你迅速地提升自己。

龍飛的父親開著一家汽車維修廠，並且讓龍飛在店裏工作，希望他將來能接管廠裏業務。但龍飛厭惡維修廠的工作，總是很不情願且懶懶散散地在維修廠裏待著，無精打采地勉強做一些父親強迫做的工作，廠裏的事務根本就提不起他的興趣來。這使他父親非常苦惱和傷心，覺得自己養育了一個不求上進的兒子，對家裏以後的生活很是擔心。

有一天，龍飛告訴父親自己想到一家製冷廠工作，做一名製冷工人。拋棄父親現在的事業不做，一切從頭開始，父親對此十分震驚並橫加阻攔。但是龍飛堅持自己的想法，穿上特製的製冷工作服，開始了更勞累、時間更長的工作。而他不僅不覺得辛苦，反而覺得十分快活。一邊工作還一邊哼著歌兒，因為他選擇了自己感興趣的工作，他很快樂。經過幾年的努力，現在他已經是這家製冷廠新的老闆了。

只有那些找到了自己最擅長的工作的人，才能夠徹底掌握自己的命運。我們發現那些有成就的人，幾乎有一個共同的特徵：無論才智高低，也無論從事哪一個行業，他們所從事的工作，都是他們非常感興趣的事，能在自己最感興趣的工作上勤奮努力，是一件非常快樂的事。做自己喜歡的工作，一定能夠提高工作效率，一定可以把工作做好。任何一個人只要選擇自己感興趣的工作，就一定能夠成為有成就的人。

　　許多人並不知道自己適合什麼工作，也不確定自己到底想要什麼、能做什麼。有時候自認為很明白，把賺錢多少作為找工作的標準。可真正進入工作中，就發現現實與自己的想像相差十萬八千里。

　　小任祖上三代都是從事機械工作的，收入頗豐。所以大學畢業後便和父親並肩作戰，也做起了機械生產。儘管他不喜歡，不過小任認為做機械賺錢相對容易些。但是由於缺乏必要的興趣，無論他怎麼努力，工作成績總是上不去，有一次還差一點被人騙了。後來小任採納了朋友的建議，轉行到感興趣的室內設計行業。不到一年的時間，小任就在某室內設計公司小有成就，得到公司老闆的重用。其實一個最賺錢的工作，不一定是最適合你的工作，最適合你的工作，應是你所喜歡的工作。當所從事的工作與你的興趣相投時，哪怕它再平凡，你也有可能成為一名出類拔萃的人。

　　由此可見，一個人在選擇自己的工作時，不能只問這個工作可以為自己帶來多少財富，可以讓自己獲得多高的地位、名望，而主要應該問一句：「我對這份工作是否感興趣？」

　　人們成功的機率和對工作的興趣指數成正比。一個人若能從內心喜歡自己所從事的工作，他的工作潛能就能得到最大限度的發揮，他的工作效率就會很高，這樣就能最大限度地體現他的自身價值，並獲得成功。

工作心得

有很多人因為所從事的工作與他們的喜好不同，就整天無精打采，毫無工作與生活樂趣，他們怨歎工作的不幸和人生的無聊。結果，久而久之竟使原有的工作能力都失掉了，只剩下怨天尤人。所以年輕人找工作最好是找自己感興趣的工作，這樣能力得到發揮，才能有很高的工作效率，才能把工作做好、做精。

工作著，享受著

任何工作都蘊含著許多樂趣，我們要在工作中找到樂趣，享受工作中的樂趣，才能更好地去工作，這樣才能提高工作效率，才能把工作做得更細緻，把工作做得更好。享受工作中的樂趣，它使我們的視野更遼闊，使我們的知識面更寬廣，使我們的人生更美好。

胡先生是某集團公司董事長，由於身體不適，他想要在三個兒子中選擇一個做集團的接班人。可是他們都很優秀，難分伯仲，胡先生絞盡腦汁，終於想出了一個好辦法。於是胡先生給他們每人一份公司的人事檔案，叫他們分別去整理。

這是一項繁瑣而枯燥的工作，胡先生沒有提供整理的方法，也沒有提出上交時間、整理的效果等方面的要求，一切全憑著他

們對工作的理解和態度了。

沒過幾天，大兒子第一個完成了任務，他拿著整理好的人事檔案來給胡先生看，胡先生只是笑著點了點頭。不久，二兒子整理好的人事檔案也送來了，雖然遲了些，但經二兒子整理的人事檔案，整潔而且條理清晰。胡先生也笑著點點頭。

父子三人就等著小兒子整理好的人事檔案送來好作比較，大家等啊等，又過了一天，小兒子才將整理好的人事檔案送來。胡先生翻開來看看，仍然是笑著點了點頭。

胡先生會選誰做集團繼承人呢？

第二天，胡先生召開董事會，宣佈小兒子作為他的繼承人。胡先生看著兒子們，語重心長地說：「你們都很優秀，都是我的驕傲。我選擇你們的弟弟自然有我的理由，絕不是偏袒他。」頓了一下，胡先生繼續說道：「在將人事檔案分給你們之後，我經常暗中觀察你們的工作。因為事關重大，你們表現得都非常慎重，都知道認真地完成工作。但老大在工作的第二天，就表現出厭煩情緒，也許考慮到事關重大，你只得耐著性子去整理。其間，並不安心於工作。用時最短是因為草草了事應付任務，可以說你是在忍受這項工作。」

「老二做事情有板有眼，耐心細緻。在整個工作期間表現得非常認真，檔案整理也完成得非常好，可卻像一台毫無思想的工作機器，你是被動地接受了這項工作。」

「老三就不同了，拿到檔案之後，他並沒有急於整理，而是翻來覆去地研究，表現出了強烈的興趣。至於為什麼會耗費那麼長的時間，我看到他在初步整理之後，又作了大量的修改，為了拿出一份比較清楚的人事檔案，他又重新列印了一遍。如果仔細

看，你們可以看出，他還把所有人按照部門重新排列了順序，他這是在享受工作的樂趣！」

胡先生笑著說：「這就是我選擇老三的理由，因為他能從工作中發現並享受樂趣。一個公司的當家人，有很多的事情要去處理，如果每天都忍受這些事務的繁雜，或者被動地接受處理這些事務，他根本就做不好當家人，那怎麼可能把一個集團管理好呢？」

善於在工作中發現樂趣、享受樂趣，才能把工作做好。那麼其他的企業、事業單位又會是怎樣提拔人的呢？不能說和胡先生方法一樣，但是一定會有異曲同工之妙。試問一個在工作中找不到樂趣的人，怎麼能把工作做好？又怎麼會領導好一個團隊？

每一個行業都有它不同於其他行業的獨特的樂趣。你必須找到你的工作樂趣，享受你工作的樂趣，那你才會有把工作做好的強大動力。比如說化妝品行業，當你看到一個人的皮膚有缺陷的時候，你會幫他推薦適合的產品來改變皮膚的缺陷，這就是工作的樂趣；當你看到一個女孩子因為不美麗而煩惱的時候，你會高興為她做些美容專案，使她變得美麗可愛，這就是工作的樂趣；當你看到有些人因為自己外在形象有缺陷，使他們打心底裏缺乏自信，你願不願意給他們一個改變外在形象，進而讓他們自己產生很大魅力的一個機會？如果你願意的話，你就明白了做化妝品行業的樂趣所在。

你要享受你的工作樂趣，當你享受這種樂趣的時候，你會很放鬆地工作，你的工作效率就會有所提高。想像你的工作，就是一個在不斷升級的遊戲，而你就是那個玩家，你就會很享受你的工作。那樣，你會把工作做得相當出色。

 工作心得

　　工作不僅是為了滿足生存的需要，同時也是實現個人人生價值的需要，不要把工作看成是一種謀生手段，而應該在工作中尋找樂趣，享受工作的樂趣。這樣你才能為工作投入，才能提高工作效率，這時所有的困難都會變得容易解決，因為工作已經成為一種快樂和享受，它會激勵我們做好任何事情。

享受工作後的成就感

　　其實只要我們善於發現的話，工作的樂趣是很多的。不管工作之前、工作之中會有什麼樣的樂趣，僅僅就提一下工作後的樂趣，就讓人很懷念、很享受。

　　工作馬上進入尾聲，你通過不斷努力終於完成了工作任務，得到了大家的認可和好評，這時你就會有一種成就感。享受這種成就感，就是在享受工作後的樂趣。

　　一些成功的人，比如科學家、體育明星、畫家、音樂家或知名演員等，他們是以工作為樂趣的。除了工作本身給予他們快樂的享受外，工作完成後的成功，也是一種快樂的享受。有的人很用心地去工作，有很大一部分原因，就是為了達到自己的目的——成功。成功，就是工作完成後的一種享受。

　　如果你熱愛你的工作，如果你願意為它付出努力，那麼你離

成功的距離就不遠了。你會因為你的辛苦努力，而嘗到成功的一種樂趣。它會讓你有成就感、有榮譽感。你會更加自信和幹練。你有了工作經驗，你的工作能力有所提高，你的辦事效率會變得很快。你會發現工作後你進步了很多，你會享受到進步的樂趣。

成功固然令人心馳神往，但是沒有人可以完全避免失敗，碰到失敗我們就不前進了嗎？工作中的樂趣就沒有了嗎？工作就不進行了嗎？成功人士都能深刻認識到，失敗其實就是學習如何使業績不繼續下滑的教訓，是讓自己不再犯相同錯誤的前車之鑑。失敗正是成功的養分、是成功的基石。如果我們能夠誠實地瞭解、分析失敗的原因，失敗就不是絆腳石而是墊腳石。它能夠讓我們認識到自己的不足之處，讓我們提前改正，免受更大的打擊。我們會提高警惕，工作更加認真細緻。少犯錯就是多做事，循序漸進地向前走，慢慢提高工作效率，進步只是時間問題。

失敗為一種暫時性的不便，因為一時無法充分具備成功所需的知識和技能，所以招致失敗。換言之，失敗是一種避免重蹈覆轍的教訓。許多人因為一再失敗所帶來的痛苦和反感，便害怕去嘗試與挑戰。其實失敗並不代表一個人怎麼樣，而是一個值得我們去學習與成長的單一事件。它是我們享受成功樂趣時，一個很難避免的前提條件。

有一個優秀班導師的成功感言是這樣說的：「作為一線的一名普通班導師，面對難管的學生，面對著超負荷的工作，面對著付出與收穫之間巨大的不平衡，也許你有千條萬條理由，選擇放棄班導師的工作，但是在決定你留在班導師的位置上繼續工作的理由中，一定有一條是最具說服力的，那就是班導師工作能帶給你快樂和幸福的體驗。因為這份工作，在你與學生共同成長的過

程中，不斷充實和鞏固自己的教育生涯，因為有了愛著你的孩子們，你會成為世上最幸福的人，那麼多學生關心你、想著你，讓你感動的同時，你也會有一些自豪感。你會覺得班導師工作是有意義的，是有很多工作樂趣的。每年都會送走一批畢業生，看著孩子們向著知識的高峰又邁進了一步，作為教師的我們，難道不會有一種榮譽感嗎？這不是我們工作的一個階段的成功嗎？這不就是班導師工作的樂趣嗎？」你不嚮往他那樣的工作境界嗎？你不嚮往工作帶給他的最大的快樂和幸福嗎？

很多人抱怨薪酬太低，工作量太大。可是有沒有想過自己的貢獻是多少？這是和一個人付出的多少成正比的。剛到一家公司的時候，小惠期望的月薪是二萬三千元，可沒想到正式錄用以後是二萬五千元，她當時自然是滿心歡喜，覺得自己的工作很成功。年底老闆還給了一個不小的紅包。這份工作就讓她有一種滿足感和成就感，她很享受這份工作帶給她的成功樂趣。

只要我們好好工作，任何一份工作，都有可能帶給我們最大的快樂和幸福。愛自己的工作，為工作努力，想方設法提高工作能力，提高工作效率，把工作做得出類拔萃就是成功，我們就會享受到成功的快樂。

工作在現代人生活中的分量愈來愈重，甚至成為衡量成功的重要準則。工作是獲得個人滿足感的重要源泉，所有積極向上、有意義的工作，都會帶來意想不到的好處，甚至成功。

工作心得

　　獲得樂趣不論在工作中，還是在工作之外，都可以幫助我們恢復精力，進一步提高我們的工作效率。如果能從經濟角度對此進行定量測算的話，我們肯定能夠得到成正比的回報。也就是說，對待工作，我們越努力、越用心，得到的就越多，就越能享受到成就感。

厭倦了自己的工作怎麼辦

　　在每天緊張繁忙的工作中，多數人都有過或多或少的厭職情緒。尤其是那些剛剛走出校門、初入職場的新人。初出校門，習慣了校園自由空間的他們，不能儘快地適應工作的束縛，又或者是由於自命不凡，而四處碰壁。在這樣的情況下，難免會對現在的工作有些看法，顯得有些灰心喪氣。還有人形容說：「工作如同一根雞肋，不僅毫無趣味可言，而且絕對挑戰人體疲勞極限……」每天八個小時，緊張、厭倦，又無可奈何，精神處在「被強暴」的狀態，因為理智提醒自己需要生存，所以拿不出勇氣辭職，日復一日，將近崩潰。嚴重的厭職情緒，堪稱對自己的精神強暴。厭職情緒帶給工作的傷害是巨大的，一個人厭職情緒越嚴重，工作效率就會越低下。

　　厭職情緒的產生通常有以下幾個原因：

❶ 應付不來複雜的人際關係

工作中的人際關係相對比較複雜，因為人跟人的性格也不盡相同，你需要學會如何與主管、同事相處，如果你不能很好地處理這些問題，你的工作就難免因為情緒而受到影響，久而久之，身心疲憊的你，就很有可能產生厭職情緒。

❷ 扛不動的工作壓力

壓力催人成熟，可是一旦壓力大到不能再扛，而讓人感到喘不過氣來的時候，便有可能讓人產生厭職情緒，當找不到地方去宣洩自己的壓力時，厭職便是一種很好的方式了。

❸ 付出總得不到合理的回報

在工作中，看到自己已經付出很多的努力，卻仍然離自己的理想很遙遠時，厭職情緒就會油然而生。當辛勤的耕耘遲遲得不到滿意的收成之後，就把一切的煩惱轉移到自己的工作上了。這類型的人一般有著遠大的理想，然而理想的實現需要一個過程，不是每個人隨隨便便就可以獲得成功的。

❹ 厭倦朝九晚五的生活

也許你的工作非常出色，什麼都得心應手，可是你天性好動，每天面對同樣的工作環境，總是一樣的人進進出出，再加上單調的工作反覆地做著，你的工作興趣和熱情就會逐漸下降，內心就會覺得工作沒什麼意思了。

那麼怎樣才能摒除這些厭職情緒，迅速進入工作狀態，做一個職場中充滿朝氣的人呢？

❶ 改善人際關係

如果你跟同事相處的不是很愉快，不妨試著多對他們微笑。當你在電梯裏對人微笑時，別人也會報以微笑，在辦公室也是如此。以禮相待是人的本性，想與平時不理不睬的人一夜之間就建立親密關係，是不確實的，但如果你真誠地去改善關係，你的同事遲早會感覺到這一點。倘若你對周圍一切都心存厭惡，你就更要用一種積極的方式與人交談，談一些你喜歡的事，至少你可能會找到與同事的某些共同點。跟同事相處可以如此，跟其他人相處也可以如此。

❷ 工作之餘多一些愛好

將自己的愛好和業餘活動，當成本職工作那樣認真對待，並同樣引以為豪。不少人只把工作業績看成是成功，結果這些人唯有事業上春風得意時才會開心滿足，而當工作遇到麻煩時，就感到羞辱。假如你有一些引以為豪的愛好的話，則工作受挫時，就容易保持積極的心態。

❸ 給自己做一個職業規劃

考慮清楚工作中需要自己做的每一件事，然後再確定自己所追求職業的標準或目的。你可以把自己所追求的理想職業，劃分成盡可能短的各階段，給自己制訂一個循序漸進的升職計畫。一個一個地去完成自己的目標，這樣也能夠提升自己工作的積極性。

　　這個世界不會以你喜歡的方式對待你，也不會以你不喜歡的方式捉弄你。成功全靠自己去贏得，消除厭職情緒，愛上你的工作，提高工作效率，才能為自己創造成功。

緩解工作壓力

　　很多人都被工作壓力壓得喘不過氣來。一些上班族雖然豐衣足食，表面上風光無限，但內心卻苦惱無邊。因為他們連睡覺做夢時，都想著公司和工作上的事，以至食不知味；更有甚者因此得了心臟病、高血壓、糖尿病、高血脂等疾病。一個人的工作壓力大，不但影響健康，而且影響工作效率。面對過度的工作壓力，許多人都不知道該如何緩解。

　　其實有很多方法可以緩解工作壓力。每當工作壓力壓得我們喘不過氣來時，我們可暫時放下手頭上的工作，如果環境允許，我們可以大聲地把心中的壓抑喊出來，或引吭高歌；或自我表揚，或自我鼓勵，最好是喊的同時加以動作，比如合掌、伸開雙臂、揮手、雙手抬高、握拳、挺胸、咬牙、偏頭等。通過以上方式，我們可以暫時緩解自己的情緒，使壓力消失，一身輕鬆，之後再度投入工作。

　　當我們心情感到煩悶時，當我們面對巨大的工作壓力感到無奈時，不妨為自己倒杯開水，沖杯咖啡，或者在下班後上百貨公司購物，或者約上幾個朋友唱歌跳舞，或者投身到大自然的懷抱中呼吸新鮮空氣，或者看書習畫，或者回家陪家人吃飯、看電視、聊天⋯⋯通過這些看似「繁瑣簡單」的事，我們可以換換腦子，緩解壓力。這樣對我們再度輕鬆投入工作很有好處。

　　無論工作多忙、壓力多大，人始終需要睡覺、休養生息，這是不以人的意志為轉移的生理規律。當然，睡覺不僅僅是為了恢復體力。毫無疑問，它是生理上的休息。但是必須說明的是，它也是心理上的休息。

　　睡覺是心理休息的一種最簡易、最有效的方法。一覺醒來，你會感到全身舒適，頭腦清醒、精力充沛，因而能以更好的狀態去迎接新的挑戰。如果可以回家睡覺那就最好了。因為自己的家是最安全、最寧靜、最舒服的地方，自己的被窩也最溫暖。這是任何高級飯店都無法比擬的。尤其有一些人是認床的，他們覺得外面的床總不如自家的床舒服，如果在外面睡，就覺得總是休息不好。如果休息不好，那麼就會影響第二天的工作效率。

　　如果我們在工作中，處於不進則退的關鍵時刻，遇到無法解決、令自己頭痛的難題時，我們不妨虛心求教，四處問問，從中來尋找思路和靈感，從而解除這份壓力。也可以尋找信得過的高人，毫無保留地把難題產生的來龍去脈對他說清楚。在高人分析幫助下，全面深刻地領悟癥結所在，領悟自身與周圍環境不協調的緣由，從而起到認識難題、解決難題、最終化解壓力的目的。

　　有時，胡思亂想也有助於消除工作中的緊張疲勞，能達到放鬆身心的作用。當我們感到疲乏、困倦的時候，可以想像著和老

婆，一起又重新回到了蜜月中的旅行；可以想像著由於自己的工作業績突出，馬上就要升職，而且薪水也加了一倍；可以想像著自己的小寶寶一點兒一點兒長大，已經會說些讓人捧腹的童言……我們的思緒可以到處飄飛遊走，只要是快樂的、沉醉的、令人振奮的就行。這樣的想像可以讓我們內心很快樂，人一旦心情愉快，壓力就不算壓力了。

平時要培養多種高尚的業餘愛好，使自己有所寄託，並陶冶性情，多拜訪高師，多結交良朋益友。我們還可以學會一些自我放鬆技術，如舞蹈、體操、瑜伽、坐禪、靜默法、冥想法、打太極拳等。這些都有助於緩解工作壓力，從而提高工作效率。

工作心得

社會競爭越來越激烈，人們的工作壓力也越來越大。我們要調整自己的心態，想方設法為自己減壓。在工作和事業上要量力而為，避免身心超負荷運轉；工作講究的是成效，只要自己盡了力，而且達到了預期的目的，就無須再一味追求所謂的「完美」；人不可缺乏進取心和奮鬥精神，但一味追名逐利，反而會得不償失。只要曾經努力過，且得到了進步，有了收穫，就不必過於苛求自己。

保持工作激情

能否成就一番事業，工作激情尤其重要。如果一個人整天無精打采、心神恍惚，總是按部就班，很難出大錯，但也絕不會做到最好。

沒有激情就沒有動力，沒有動力就不可能全心全意地投入工作，就不可能提高工作效率，就不可能創造性地解決工作中的難題，也就不能感受到工作中的快樂。

在工作中，構成激情的要素有：工作本身的價值與你的價值觀保持一致、相對較高的薪酬、你的工作團隊士氣高漲、個人發展前景良好、上司的賞識和大力支持、人際關係的融洽等。

在工作中始終保持激情的人，無論從事什麼樣的工作，無論做了多久，他們都活力四射，所以他們很容易進步。這樣工作效率就高，薪酬就高，團隊士氣就高，上司就會賞識重用，個人發展前景就好，人際關係也就不會差。

我們知道，長時間地在某一環境下工作，人們很容易成為技術嫻熟的工作骨幹，但日復一日地重覆相同而瑣碎的事務，就有一種被掏空了的感覺。如果很少得到上級的表揚，甚至經常得到不好的評價，這樣就很容易會有一種無助感，從而導致工作情緒低落。其實，只要在工作中樹立起使命感，明確自己要實現的價值的話，就能在個人工作中產生勇敢前進的動力。

很多人剛開始，不但幹勁十足、激情高漲，而且對自己的職業前途也會寄予厚望。但慢慢地就會人浮於事，很快就沒有了原先的激情。每一次工作中出現不順心，就會「鼓勵」自己換個工

作環境。熱情高漲的工作激情，似乎被魔法囚禁起來了，永遠都不能解除禁錮。其實激情在於保持，它就像是一件易燃、易碎品，需要你的細心保護。絕大多數人都有種錯覺，認為激情是完全無法控制的，它會受外界條件的限制。其實激情來自於你自己，你是激情的創造者。想在工作中保持激情並不難，可以和工作「談戀愛」。大家都知道，在戀愛的時候人們的激情是很高的，即使很久，只要是與自己所愛的人在一起，就不會覺得累。

某人事部經理王明輝，就是和工作「談戀愛」的人。對此他說：「我工作快十年了。因為我的工作總是與人打交道，所以遇到的困難很多，有時候一項決定下來，特別容易得罪人。但是我會自我調節，總是讓自己保持工作的激情。保持工作的激情方法，就是和工作談戀愛。首要條件就是得愛上它，不斷地發掘它的魅力，不斷地去征服它。」

熱情像野火般持久蔓延，這樣的精神狀態是可以互相感染的。如果你總是以最佳的精神狀態出現在辦公室，就會把辦公室的人感染得都激情高漲。團隊工作就有效率，而且你會很有成就感。受你影響的人也會很受鼓舞，激情四射，他們這樣的情緒，同樣也會感染給別人，從而讓熱情的火焰，像野火般蔓延開來。整個大的團隊，都會對工作保持住足夠的熱情。這樣的工作團隊一定有很高的工作效率，一定能夠使團隊越來越大。

唐先生是一個汽車清洗公司的經理，這家店是十三家連鎖店中的一個，生意很好，而且員工都熱情高漲，他們對自己的工作表現都很驕傲，都感覺生活是非常美好⋯⋯

但是唐先生來此之前可不是這樣的，那時，員工們已經厭倦了這裏的工作，他們中有的已經打算辭職，可是唐先生卻用自己

積極的精神狀態感染了他們，讓他們重新快樂地工作起來，對工作充滿熱情。

唐先生每天第一個來到公司，微笑著向陸續到來的員工們打招呼。把自己的工作一一排列在日程表上，然後一項一項地去完成。他對自己的每一項工作都很有熱情，而且不斷地創新，熱情的溫度從未退卻，他還創立了與顧客交流的討論會。

在他的影響下，員工們找回了對工作的熱情和自信。顧客越來越多，公司的業績也越來越好。公司的整體狀態變得積極上進，業績穩步上升。因為他長期保持工作熱情，總經理決定把他掉到公司上層，讓他的熱情去感染更多的人。

比爾・蓋茲有句名言：「每天早晨醒來，一想到所從事的工作和所開發的技術，將會給人類生活帶來的巨大影響和變化，我就會無比興奮和激動。」這句話闡釋了他對工作的激情。在他看來，一個優秀員工最重要的素質，是對工作的激情，而不是能力、責任及其他（雖然它們也不可或缺）。

人需要激情，工作更需要激情。激情是活力的源泉，是生命價值體現的催化劑，更是發展自我、展現自我的靈丹妙藥。保持激情，我們就會工作著，快樂著，功成名就著。

工作心得

對工作保持激情，以最佳的精神狀態去發揮自己的才能，就能充分發掘自己的潛能，進一步提高工作效率。對工作充滿激情，比獲得一時的成就和功名更重要，因為它能使我們保持年輕，能使我們充滿活力和鬥志，能使我們不斷地取得進步。

國家圖書館出版品預行編目資料

9 堂課，提高工作力／景志編著. -- 初版. -- 新北市：菁品文化，
2019. 10
面； 公分. --（通識系列；75）

ISBN 978-986-97881-5-1（平裝）

1. 職場成功法

494.35   108012712

通識系列 075
9 堂課，提高工作力

編　　著　景　志
執 行 企 劃　華冠文化
設 計 編 排　菩薩蠻電腦科技有限公司
印　　刷　博客斯彩藝有限公司
出 版 者　菁品文化事業有限公司
　　　　　　地址／23556 新北市中和區中板路 7 之 5 號 5 樓
　　　　　　電話／02-22235029　傳真／02-22234544
郵 政 劃 撥　19957041　戶名：菁品文化事業有限公司
總 經 銷　創智文化有限公司
　　　　　　地址／23674新北市土城區忠承路89號6樓（永寧科技園區）
　　　　　　電話／02-22683489　傳真／02-22696560
網　　址　博訊書網：http://www.booknews.com.tw
版　　次　2019年10月初版
定　　價　新台幣300元　（缺頁或破損的書，請寄回更換）

I S B N　978-986-97881-5-1
本書 CVS 通路由美璟文化有限公司提供　02-27239968
原書名：如何提升自己的工作效率